你知道和
不知道的
"性格"

[日] 村上宣宽◎著

谢严莉◎译　王　非◎校对

ZHEJIANG UNIVERSITY PRESS
浙江大学出版社

图书在版编目（CIP）数据

你知道和不知道的"性格" ／（日）村上宣宽著；
谢严莉译. — 杭州：浙江大学出版社，2013.4
ISBN 978-7-308-11264-2

Ⅰ．①你… Ⅱ．①村… ②谢… Ⅲ．①性格—通俗读物
Ⅳ．①B848.6-49

中国版本图书馆CIP数据核字（2013）第042590号

SEIKAKU NO POWER by Yoshihiro Murakami.

Copyright © 2011 by Yoshihiro Murakami. All rights reserved.
Originally published in Japan by Nikkei Business Publications, Inc.
Simplified Chinese translation rights arranged with Nikkei Business
Publications, Inc. through CREEK & RIVER Co., Ltd.
浙江省版权局著作权合同登记图字：11-2012-208

你知道和不知道的"性格"

[日] 村上宣宽　著

谢严莉　译　王　非　校

策 划 者	蓝狮子财经出版中心
责任编辑	曲　静
文字编辑	陈丽勋
出版发行	浙江大学出版社
	（杭州市天目山路148号　　邮政编码　310007）
	（网址：http://www.zjupress.com）
排　　版	杭州林智广告有限公司
印　　刷	杭州杭新印务有限公司
开　　本	888mm×1230mm　1/32
印　　张	8.625
字　　数	168千
版印次	2013年4月第1版　2013年4月第1次印刷
书　　号	ISBN 978-7-308-11264-2
定　　价	30.00 元

目　录
Contents

序　言　另一种性格心理学
前　言　围绕"性格"展开的宏伟幻想

迄今为止的性格研究

第1章　性格究竟是什么？

005　集体生活让人们开始关注"性格"

009　人格、性格、personality有什么区别？

012　摇摆不定的学会名称

015　落后于时代的教科书

第2章　伪科学的盛行

019　古人所谓的气质

025　星星决定性格——占星术

030　容貌反映性格——面相学

034　颅骨形状的秘密——颅相学

038　血液信仰的后遗症

045　为什么伪科学信仰总是层出不穷?

048　心理学的验证会受很多意外因素的影响

053　如何对研究结果作出评价?

055　专栏: 什么是元分析?

第3章　迈入类型理论的时代

061　体格能预言精神疾病?

070　体格与性格真的有关吗?

074　谢尔顿理论的陷阱在哪里?

077　谢尔顿的类型理论得到的体型与行为特征之间的关系

079　谢尔顿理论的衰落

081　类型理论为什么受到大众的欢迎?

第4章　精神分析理论的流行与退场

087　弗洛伊德理论

094　弗洛伊德理论之后的动向

101　现代精神分析

第5章　特质理论的诞生

109　维度理论的开端与发展
111　性格是"特质"的总和
115　特质有多少种？
119　什么是大五性格模型？
131　特质的总和

影响性格形成的因素

第6章　育儿神话的崩溃

137　孤立长大的孩子
145　抚养方式真的很重要？
156　为什么对抚养方式的研究层出不穷？

第7章　探究遗传的影响力

161　遗传还是环境？
163　专栏：数学分解遗传与环境
170　性格、智力、身体特征的遗传力
176　专栏：分子心理学真的成立吗？

03 Part 性格的影响力

第8章 自尊与性格

185　自尊的评测方法
188　自尊和成绩、人际关系等
199　自尊与大五性格特质
201　自尊会带来什么？

第9章 幸福感从哪里来？

205　探索主观幸福感的指标
213　工作、教育、智力
215　幸福感会遗传吗？
217　性格特质与幸福感之间的关系
221　幸福的条件

第10章 性格能预测什么？

225　各种心理测验的预测力
227　大五人格模型的预测力（一）——生活事件
231　大五人格模型的预测力（二）——工作
238　大五人格模型的预测力（三）——社会态度
243　性格在人生中意味着什么？

后　记　接受半个世纪以来心理学的巨大变化
参考文献

 序　言

另一种性格心理学

　　如果评选一份当下社会流行词语的排行榜，"心理学"一定能名列前茅。书店中，一排排"心理宝典"摆在书架上，每一本都宣称能教给你职场、爱情或人生的制胜法宝；网络上，五花八门的"心理测验"等着你去点击，帮你认识"真正的自己"；电视里，形形色色的"心理专家"在各类节目中侃侃而谈，解惑人生，成为大众追捧的明星。看到这样的局面，作为在高校学习心理学多年的学生，似乎应为自己专业的火爆而感到高兴。然而，实际上更多感受到的却是一种断裂和尴尬，因为大众流行的"心理学"往往与心理学专业训练的真正内容相去甚远。似乎存在着两种心理学，上面所说的大部分可称之为"江湖派"心理学，而各大高校心理系传授和研究的则可称之为"学院派"

心理学，二者在许多方面都截然不同，格格不入。

以性格问题为例，理解多姿多彩的性格现象是江湖派和学院派共同的追求，但它们采取的路数却大相径庭。江湖派的代表如九型人格、性格色彩学，乃至星座性格学、血型性格学，往往致力于提供一套简单易懂且易于套用的性格分类体系；但是，这些体系大多建立在个人感悟和主观判断的基础上，有些甚至诉诸神秘主义。另一方面，学院派的性格心理学经过了早期的思辨阶段，却在实证的道路上越走越远，以统计数据为基础建立和检验学说，并逐渐抛弃了性格分类的思路，采用量化的方式来描述性格。

我们不能武断地认为一种取向一定比另一种更优越，不过在当今社会的"心理学"语境下，江湖派的性格学说因其平易近人的优势而广泛流行，学院派性格学说的影响力却很少能走出大学的围墙，非专业人士鲜有了解的机会。在这样的背景下，如果能有一些平衡的声音出现，将学院派的性格研究成果通过通俗的方式介绍给社会大众，是非常有意义的。

本书完成的正是这样一种工作。作者村上宣宽是日本富山大学的心理学教授，长年致力于科学心理学的普及，出版过多部科普专著。本书第一部分从上古时代的体液说、颅相学等学说开始，到弗洛伊德的精神分析学说，到后弗洛伊德时代的百家争鸣，再到特质理论的兴起和大五人格的一统江湖，对于学院派性格心理学的前世今生进行了完整的回顾；第二部分探讨了性格的成因，主要涉及先天与后天这一对经典矛盾，对于近年来性格遗传学和生理学的前沿进展也有所介绍；第三部分则探讨了性格对自尊、幸福等方面的影响，以及性格对各种行为的预测力。可以说，本书的内容涵盖了学院派性格心理学的主要成果及研究现状，可以帮助读者概览这一领域的全貌。[①]

　　不过还是要先打个预防针：这本书不会送给你理解世事人心的万能钥匙，也不会对各类性格问题给出确定的答案。一方面，关于性格的科学研究刚刚起步，许多问题仍然悬而未决，书中的许多结论都有可能在将来被更新。另一方面，性格虽然是人的行为背后的重要原因，但不是唯一的原因；实际上，许多研究表明大量的行为是由情境而非性格所决定的，能够一劳永逸地解决所有问题的性格密码是不存在的。因此，我建议读者在阅读本书时，不必试图将书中的每一条结论都套用到自己的生活上，而是着重体会一下学院派与江湖派在思路上的不同。学院派以科学自恃，科学的精华不在于最后的结论，而在于得到这些结论的方法；知识会不断进步，科学方法则是这种进步的保证。性格现象是丰富多彩的，也是复杂而捉摸不定的，如何以科学的手段对其进行研究，这本身就是一大挑战；二者之间的张力正是推动这门学科成为今日之样貌背后的动力，也是这门学科的魅力所在。难能可贵的是，本书用大量篇幅对

_____

① 　译作删除了原书第八章《什么是自我？》。

学院派的方法和思路进行了介绍，相信读者通过阅读，可以获得一种看待性格问题的新视角。

王非①

---

① 王非：清华大学心理系博士生，果壳网心事鉴定组作者，"心理科学流出版"成员。

 前　言

围绕"性格"展开的宏伟幻想

听到"性格"这个词，你会联想到什么呢？自己的性格吗？

也许你曾在找工作的时候分析过自己的性格，但那只是单纯的主观看法。所谓面相是否真能反映出性格？所谓血型是否真能反映出性格？答案当然是不可能！科学早已否定了这些理论。

人人都以为自己的"性格"是可以捉摸得透的，然而这只不过是单纯的幻想。这一误解导致市面上绝大多数有关"性格"的书籍都充斥着主观的、违背科学的内容。严谨可靠的书籍卖不出去，只有能创造出高利润的书才畅销无阻。当然，本书的内容绝不会如此滥竽充数。本书将尽可能准确地揭示有关"性格"的真相，介绍现代心理学中关于"性格"的研究成果。因此，我强

烈推荐渴望了解真相的读者们阅读本书。

举例来说吧，各位是否曾思考过下列问题：

性格的定义是什么？

性格可以分为哪几种类型？而这种"类型论"现在处于怎样的发展现状？

在最近的一百年间，精神分析学说的地位发生了怎样的变化？

你知道当下主流的"大五人格模型"是什么吗？你知道怎样用这个模型衡量你的性格吗？

父母的抚养方式是如何影响孩子性格的形成的？

某些基因对性格的影响大吗？

幸福感从何而来？

我们如何预测寿命的长短、婚姻或职业的成功与否呢？

或许有人以为，心理学自古至今就没什么进步，很可惜，这个观点是大错特错的。数百年来，研究者们针对上面列举的诸多问题积累了无数科学研究的成果。许多在过去被认为是真理的理论，如今已经遭到了根本性的颠覆。

笔者在撰写此书时阅读了大量本领域的专业书籍、学术杂志和网络刊物，参考文献叠加起来的厚度将近一米。日本富山大学人类发展科学部的佐藤德教授曾向我推荐有关自我、自尊、幸福等内容的参考文献；日经 BP 社的编辑在这几年间一直默默地等待我完稿。多亏了各位的支持，我才能坚持度过这辛苦却充实的两年。在此，我谨向相关人士表示由衷的感谢。

01
Part

迄今为止的性格研究

第1章　性格究竟是什么？

谁都知道"性格"这个词。然而，不同的人对其含义的理解却大不相同。研究者们也经常使用性格、人格、个性、气质等不同的词语指代其含义。

很多教科书和专业书籍至今仍以科学的、毫无疑义的姿态讲述早在二三十年前便已遭到否定的学说。

在日本，与其他学科相比，对性格的研究还远谈不上兴盛，但在欧美，相关研究的质与量都相当可观。说到底，还是两地的专业水准差距太大的缘故吧。

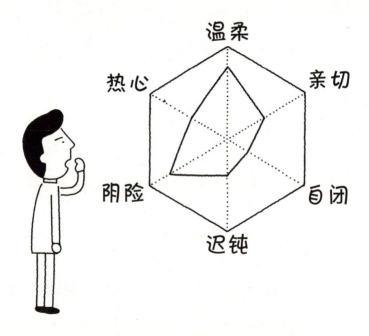

集体生活让人们开始关注"性格"

俗话说，人类是天生的社会性动物，这其实是进化的必然结果。人类的起源可以追溯到15万年前的非洲原住民。古人类曾经多次从非洲向世界各地扩散，但每次扩散的结局都是灭绝。只有7万年前某个源自非洲的小群体（大约有数百人）勉强生存了下来，并逐渐迁徙至各地，最终发展到了今天。人类从赤道附近迁往寒冷地区，结果导致了肤色的改变。然而，基因的变化是细微而缓慢的，特别是在除非洲之外的欧洲、美洲、亚洲等地区。这里的人都是源自非洲的小群体的子孙，所以他们基因的多样化程度比较低。

在远古时代，单独一个人或一个小家庭群体是难以获得食物的，所以无法保证能持续繁衍。只有当群体的人数达到几十甚至上百之后，才有可能出现社会分工，进而获得生存的保障。类人猿顶多构建起十来只左右的小群体，所以通过相互顺毛之类的行为，就能维持群体的稳定。但人类却要构建起百人左右的群体，因此，通过语言进行交流的重要性也就与日俱增。当然，也有观点认为，语言行为也是顺毛行为的一种，因为大部分日常会话的内容都没有什么意义，主要目的在于维持人际关系，其次才是传递信息。

在维持人际关系的过程中，也逐渐演化出了各种用于描述性格的词语，这些词语至今仍被人们频繁地使用，比如"那个人很亲切"、"他心术不正"等。在这两句话里，"亲切"和"心术不正"都属于描述性格的词语。所以按上面的观点，"亲切"或"心术不正"这样的性格特征，在维持人际关系方面具有重要的意义。与亲切的人交往更容易获取利益，而与心术不正的人交往则可能受到伤害。因此，在维持人际关系时，判断对方是亲切还是心术不正，就变得非常重要了。

我曾给 209 名大学生朗读多个用于描述性格的词语，然后请他们判断该词语是褒是贬，并评价自己是否具备这些性格。表 1.1 是测试结果的一部分。词性从贬义到褒义依次为 1~7 分；自己具备与否分别可得 1 与 −1 分；两项结果分别取 209 人的平均值。

从结果中可以看出，"温柔"、"亲切"等词基本上以褒义判断为主。针对这些词的自我评价以肯定居多，即大多数人觉得自己具备这样的性格；同时，"粗暴"、"自闭"等词则以贬义判断为主，自我评价时以否定居多。词性的褒贬与自我评价的结果之间有一定的相关性（相关系数 0.47）。这一调查表现出人们希望自己的性格能符合褒义词的倾向。

表1.1 描述性格词语的词性褒贬与自我评价

描述性格的词语	词性褒贬	自我评价值
温柔	6.182	0.455
亲切	6.153	0.368
热心	6.091	0.234
坚韧	6.014	0.053
活泼	6.000	0.139
粗暴	2.158	−0.809
自闭	2.364	−0.325
阴险	2.388	−0.493
迟钝	2.411	−0.560
别扭	2.469	−0.167

然而，这类描述性格的词语是有以下前提的：

性格是稳定的，且多年不变。
根据性格能预测出人的行为。
人的行为受性格左右。

如果人的性格并不稳定，我们就无法通过性格来预测他接下来的行为；如果行为并不受性格左右，那么我们就无法利用性格来解释行为。那么，一个人的性格真的能保持稳定吗？

　　有关性格心理学的科学研究已经开展了一百多年，但一切尚在争论之中，而且就连最基本的问题——"性格"这个词指代的究竟是什么，诸多研究者之间也还没能达成共识。

人格、性格、personality有什么区别？

　　在正文开始之前，有必要先对这几个名词作些说明。在日本，过去最常用的是"人格"一词；在之后的某段期间，"性格"一词较为流行；而最近，越来越多的人倾向于直接使用英文单词"personality"或其音译。到底是什么导致了这种改变呢？

　　在英国和美国等英语国家，最通用的单词是"personality"，这个词源于古代拉丁语中"persona"一词，意为戏剧表演中所使用的面具。由此可见，"personality"主要强调的是人的外显特征。在古代，这个词的含义曾发生过如下变化：面具→登场人物→角色→人。在古代拉丁语中，其含义也从演员的外表特征逐渐朝个人特征的集合体发生转变，而"面具"的含义在现代英语中已经彻底消失了。

　　德国、法国等欧洲国家的心理学学者们更喜欢使用"character"一词，它与"personality"具有类似的含义。"character"起源于古希腊语"Χαρακτηρ"一词，最初的意思为"印刻"、"盖章用的工具"，并由此衍生出"印象"、"表象"、"记号"等含义，它的语义进一步扩展至抽象的道德及心理学领域，转而指代人的特征或生活方式。也就是说，"character"一词可以表征人天生不变的遗传特征到道德特征的各相关方面。

更极端点地说，"personality"表征了人的特征，而"character"既表征了人的特征，又表征了对这个人的评判。奥尔波特① 对它们的区分是："character"是附加了价值判断的"personality"，而"personality"则是消除了价值判断的"character"。这两句话绕来绕去其实是一个意思。

其实，还有另一个单词"temperament"也有类似的意思。它起源于古代拉丁语中"temperamentum"一词，含义是对液体进行"测量"、"调节"、"混合"。现在，"temperament"一词依然有这个含义，但更主要的是指由人的体质所决定的内心习惯。如今，"temperament"一词所指代的是那些已被断定为主要由体质所决定的、具有较强遗传性的心理特征，这个词可翻译为"气质"或"性情"。

笔者在以前的著作中就曾指出，"character"和"personality"的日语翻译一直都很混乱。根据日本小学馆出版的《国语大辞典》释义，人格即为"人品"、"品行"、"个体的生存方式"、"作为道德行为主体的个人"，因此将附加有价值判断的"character"翻译成同样

---

① 奥尔波特（Gordon W. Allport, 1897—1967）：美国人格心理学家，人格特质理论的开创者，人本主义心理学的代表人物之一。——译者注

具备道德性价值标准的"人格"才准确。另一方面,"personality"表征的是个人特征集合体,所以可以翻译成"性格"。然而自明治时代开始,这两个词的翻译就被弄反了,一直到今天也没有彻底纠正过来,依然十分混乱。

摇摆不定的学会名称

日本性格心理学会成立于 1992 年。根据诧摩武俊[①]的解释，英文的 "personality" 是一个多义词，而日语的 "人格" 一词却并不具备心理学内涵，所以最终选择 "性格" 作为学会名称。学会刚成立时仅有不到 250 名会员，其中大部分人都倾向于使用 "性格" 一词。但随着会员人数的增加，使用 "personality" 英文原词的人越来越多。

在 2001 年左右，曾有人提议将学会名称改为 "日本 Personality 心理学会"，这一提案在学会内部掀起了轩然大波。2002 年，在学会会刊的卷首语中，星野命主张将学会的名称改为 Personality，他提出：习惯使用 "性格" 一词的研究者倾向于将性格当成相对稳定的、难以改变的存在，而通过更名，可以覆盖更广泛的研究领域，使学会名称变得更灵活。之后在 2003 年 7 月，学会针对全体会员进行了一次问卷调查，结果有三分之二的会员认为 "日本 Personality 心理学会" 这个名称更好，所以该学

[①] 诧摩武俊（1927—　）：日本心理学家。东京都立大学名誉教授，东京国际大学名誉教授。他对双胞胎的性格遗传和形成的研究较为有名。——译者注

会的名称在 2003 年 1 月正式进行了变更。青柳肇评价说，学会通过更名，将能够同时覆盖学术与社会这两大领域。

　　正如星野所言，日本的确有很多学会都是以英文原词为名，比如"日本 Group Dynamic（群体动力学）学会"和"日本 Counseling（咨询服务）学会"等，但更多的却是像"日本心理学会"或"日本发展心理学会"这样冠以纯汉字名称的学会。在发展心理学领域，"发展"这个词语的定义被扩展至涵盖人生从生到死的全过程，所以并没有改名的必要。如果认同青柳所说的所谓"学会名称将会束缚学会研究内容，所以必须更名"这一理由的话，日本发展心理学会就应当改名为"日本 Developmental 学会"才对。换句话说，学会更名的本质并非是逻辑问题，而是学会内部的势力斗争及感情倾轧逐步表面化的结果。

　　性格研究有许多种不同的系统和理论。20 世纪 60 年代到 70 年代期间，主流的理论是利用"外向性"或"亲和性"等特质来解释人类行为原因的特质理论。然而沃尔特·米歇尔[①]在 1968 年提出，这些特质会受到情境变化的巨大影响，所以情境差异比特质差异更重要。相关的争论持续了将近 30 年。该争论虽已结束，但却在 2000 年前后在学会中引发了争议，导致了学会名称的变更。

　　本书中将"personality"等同为"性格"。采用"性格"这个词，

---

① 沃尔特·米歇尔（Walter Mischel, 1930—　　）：美国人格心理学家和社会心理学家，提出了"认知—情感"的人格系统理论。——译者注

理由很简单，笔者希望能尽量避免使用英文原词，而多选用简单易懂的词语。而且，笔者并不认为使用"personality"这个英文单词就能令单词的含义变得更丰富。"性格"一词根据人们所处的不同情境及不同学术方向，同样可具有丰富的内涵。

综上所述，仅围绕"性格"一词，就能反映出各研究者强烈的倾向性，引申出许多完全不相容的性格理论。每个研究者对性格的定义都不相同，甚至有些极端的情境理论研究者认为，根本就不存在所谓的性格。然而，不同的人即使处于相同的情境，其所作所为也绝不可能完全相同，所以我们不可能彻底否定"性格"的存在。

幸好，《大英百科全书》中对性格的定义十分详细，且涵盖了心理学的研究领域，即"性格是包括心情、态度、意见、对待他人态度在内的思考和感情以及行为的规律，是遗传与学习的结果。性格是因人而异的，可通过观察其与环境及社会之间的关系来掌握"。由此可见，性格心理学的范畴极其广泛。

落后于时代的教科书

　　在物理学及其他自然科学领域，很多出版已久的教科书依然十分有用。比如经典的牛顿力学理论，至今仍在相当大的范围内近似成立，不可不学；两千多年前就建立起的代数和几何学更是现代数学的基础，具有极高的价值。

　　而在心理学领域，人们却几乎不可能百分之百地证明某项理论是否成立。研究者只能通过将现实抽象化来构建一般性的理论，然后利用该理论进行预测。然而，这些实验数据通常是通过特定的受试者获得的，也就是说，即使实验所获得的数据与理论相悖，也可能只是特定受试者所导致的例外。所以无论是为了证实还是证伪某项理论，研究者都必须进行数百次的重复实验，只有获得最多的实验数据支持的理论才是正确的。不过，研究者的信念（信仰）对实验结果的影响也很大，无论累积了多少否定性的数据，研究者依然可以坚信理论的正确性。

　　心理学的教科书和启蒙书不仅比心理学的诞生晚了20~30年，内容上也有诸多错误和疏漏。心理学作为一门科学诞生至今仅百余年，历史尚浅，研究的潮流也曾随着时代的变化而发生过多次剧变。以前获得广泛认可的理论在后来却被彻底推翻，这样的情况屡见不鲜。

性格心理学领域的情况也是一样。比如，在笔者学生时代所用的教育心理学教科书中，有关"人格"的理论包括类型理论、特质理论和自我理论（精神分析）等①，而最近常用的性格心理学教科书中所教授的也依然如此。但实际上，精神分析理论几乎没有什么实验数据支持，类型理论也几乎没有人研究了，这些都已是寿终正寝的理论，教科书在选取时却并没有深入考虑到这个问题。在本书中，笔者将回归根本，对这些理论消亡的原因作出深入的解释。

---

① 类型理论指人可以分为几种类型的理论；特质理论指将性格分为几种特征的大类，并从统计学角度进行测定的理论；自我理论指源自弗洛伊德的精神分析的自我模型。——作者注

第2章　伪科学的盛行

书店的心理学区域充斥着宗教书籍，人生箴言类、星座占卜类、血型性格论等书籍，各种"科学"盛行。虽然针对心理问题人人都有发言权，但这些言论却大多与心理学这门科学毫不相干。是人都会犯错误，但相同的错误最好不要再犯第二次。为此，我们最好回顾一下历史，看看人类当年都曾犯过哪些错误。

古人所谓的气质

数千年前的古人是如何看待"性格"这个问题的呢？

即使是在那么久远的年代，人们在医学方面的知识也已经相当发达了。比如，古代印度人已经能够进行造鼻术与白内障手术，掌握了种痘的方法，也积累了一定程度的药理学知识。他们认为，身体中最重要的器官是心脏，而灵魂则有寄居于心脏的能力。灵魂具有知性与意识，且控制着呼吸这一最重要的生命行为。古代中国人也认为（《古经》，公元前 8 世纪），心脏是人体最重要的器官，气体状的"气"是人最本源的要素，"气"与其他成分混合在一起，赋予了人类语言和思考的能力。

古代的气质理论其实是普通医学领域的类型理论。这种理论虽然以明显的事实为依据，却在其中追加了空想性的唯心主义解释。库图姆比阿（Kutumbiah）在《古代印度医学》一书中认为，古代的气质理论是从动物需要空气、水以及固体食物，极端的热或寒会导致动物死亡，许多疾病都伴随发热症状，体液是消化过程中所必需的因素，血液在特殊场合下与生命和死亡休戚相关等明显的生理学事实中归纳概括出来的。

　　古代印度的阿育吠陀医学体系（公元前 1200 年左右）认为，构成宇宙的元素包括空、风、火、水、土这五种，从中又衍生出构成人体的七种基本成分。其中有三种体液，分别是气、胆汁和黏液。体液一旦受损，身体的构成要素也会随之受到影响，导致疾病。根据受损体液的不同，疾病也分为三大类。为治疗疾病，人们必须通过饮食、药物与养生，令体液恢复正常。我们将三种体液与性格之间的关系作一个归纳：

气 气具有干燥、轻、神经质、饶舌、敏捷、冷、粗暴、透明的性质。因此，体内气占优的人一般身体较为干燥、瘦小，性情比较感性。

胆汁 胆汁具有热、尖锐、液态、生肉的腥臭味、酸、辣的性质。因此，体内胆汁占优的人通常较为耐热，身体干燥、纤细、清洁。相对而言，性格更加实际。

黏液 黏液是油性的，具有平滑、柔软、甜、坚硬、厚、湿润、重、冷、光滑、透明的性质。因此，体内黏液占优的人一般具有脂肪较多、光滑，赏心悦目、纤细、清洁等身体条件。

古代印度的气质理论是一种三分论，可以认为它衍生自宇宙三元素的风、火、水。在印度最早的传说中，创世者梵天创造了火、水、土三种元素，然后将其排列组合，合成了世间万物。据推测，体液与气质的三分论体系诞生于公元前1500年之前的前吠陀时期，后来在《奥义书》的记载中，元素改为了空、风、火、水、土这五种，但体液与气质理论并没有根本性的修改，沿用了之前的三分论体系。因此，元素与体液的数目不再相对应。根据文献记载，古代印度的三气质理论完成于佛陀时期（公元前557—前477）之前。

在古希腊也诞生过类似的思想。古希腊的气质理论属于四分论，宇宙的元素包括空气、土、火、水这四种，四元素分别对应血液、黑胆汁、黄胆汁、黏液四种体液，这四种体液分别与一种气质相对应。

从理论上给古希腊的气质理论赋予了灵魂的人物是恩培多克勒[1]。他是神秘主义哲学的创始人，如今能找到的线索只有他所留下的些许韵文片段。四气质理论有可能是古希腊人的原创，但由于古印度的三气质理论在时间上出现得更早，所以它更有可能是古印度气质理论流传到古希腊后经过改良的产物。

集古希腊医学知识之大成的是希波克拉底[2]，他被尊称为"医

---

[1]　恩培多克勒（Empedokles，公元前490—前430左右）：古希腊哲学家。——译者注

[2]　希波克拉底（Hippcrates，公元前460—前377）：古希腊著名医生，西方医学奠基人。他的医学观点对以后西方医学的发展有着巨大的影响。——译者注

学之父"。他在精神病领域命名的术语直到现在仍在使用，比如癫痫、躁狂症（mania）、忧郁症（melancholia）、偏执症（paranoia）①、歇斯底里症（hysteria）② 等。希波克拉底认为，脑部的疾病或损伤会导致精神病，但他将病因归结为体液流入脑部所致。也就是说，他认为，一旦胆汁流入大脑，人就会产生不愉快的梦境和不安的情感，黑胆汁过剩会造成抑郁症，而兴奋状态则是由于温暖和湿气（血液）占优所导致的。

古希腊的四气质理论可以归纳如下：

多血质 以血液为主的体质。对应的宇宙要素为空气，性质湿暖。性格特征为开朗、善言谈、善解人意、悠闲。

抑郁质 以黑胆汁为主的体质。对应的宇宙要素为土，性质干冷。性格特征为悲哀、顽固、认真、悲观、寡言。

胆汁质 以黄胆汁为主的体质。对应的宇宙要素为火，性质干暖。性格特征为易怒、易兴奋、攻击性强、喜新厌旧、易冲动。

---

① 从原文直译应为"妄想症"，但当时指的是精神的荒废状态，也许相当于综合失调症。——作者注
② 这是当时女性特有的身体疾病，当时的人认为该病缘于子宫在身体内乱动。——作者注

黏液质　以黏液为主的体质。对应的宇宙要素为水，性质湿冷。性格特征为冷淡、自制、萎靡、深思熟虑。

　　或许很多人会认为古代的气质理论纯粹是可笑的空想，但把宇宙的元素与人类的体液相互对应的设想是相当伟大的，也是相当科幻的。在古代四大文明最繁盛的时期，人们就已在宇宙与人类诞生之间建立起了联系。只是很可惜，这些思想是毫无根据的空中楼阁，特别是古希腊理论中的黑胆汁，实际上根本不存在。

　　那么，为什么这些可笑的理论在历经两千多年的时光之后，至今依然有人相信呢？美国人本主义心理学家的代表人物奥尔波特在《人格：心理学的解释》一书中甚至说："如此强韧的理论，必然具有一定的合理性。"但奥尔波特并没有意识到，科学理论恰恰不可能是强韧的。那些无需任何修正的理论其实属于宗教的范畴，科学理论的发展必然伴随着无休止的实验与不断的修正。

　　古代的气质理论虽然无法通过验证，但看起来全无漏洞，显得如此冠冕堂皇，到底是为什么呢？

　　首先，这种理论源自对生理学的重视。身体基础决定性格这一假说乍一看是很合理的。比如，多血质的人体内血液较多，因此身体十分活跃，性格方面就可推定为开朗、多话。同理，体内胆汁较多有利于肉类吸收，所以可推定这种人健康且容易兴奋。而黏液累积较多则被视作一种疾病，既然是病，必然会导致人精神萎靡。在那个时代，人们还不懂得区分暂时的状态与稳定的性格，所以才会诞生这样的理论。

显然，古代气质理论缺少利用科学手段进行验证的步骤，只要是依据身体观察的结果所作出的符合逻辑的推论，都会被认为是正确的。所以总有人恰好符合这些气质类型的划分，但更多不符合的人却被忽略了。由于缺少了检验"是否真的符合"这一步骤，所以人们总是更倾向于相信"符合"。

古代的气质理论很容易被否定掉，但即使在现代医学中，人们仍然存在类似的思考误区。生理指标永远是"客观"的，因此所谓的绝对正确其实并不存在。比如，荷尔蒙浓度之类的生理学测定只有在特定条件下才能获得相对准确的数值；又或者在实验中将偶然的联系当作因果关系，结果忽视了真正的原因（变量混淆）。诸如此类的倾向屡见不鲜。

星星决定性格——占星术

占星术在古代巴比伦和古代中国分别独立诞生，且发展出了许多不同的流派。根据种村季弘《图解·占星术事典》一书的介绍，占星术的基本原理在于：坚信各个天体，尤其是行星和构成星座（十二宫）的恒星，与地面所发生的各种事件之间存在密切的联系。在地面的事件发生之前，天空中将先显现出"征兆"，读取"征兆"并据此选择合适的时间行事，就能确保诸事顺利，这就是占星。无论是天灾或外敌入侵之类的大规模意外事故，还是个人的命运或性格，都可以从"征兆"中找到线索。因此，找到天体与行星的运行规律就变得十分重要。

古人认为，从地面到天体之间的距离仅比到云层的距离稍远几分。因此，人们仔细地研究天体可能对气象和天灾所产生的影响，并将这些理论套用在君王的政治判断和气运上。随着时代的发展，除君王之外的其他阶层也逐渐变得富有，于是越来越多的人开始运用占星术。然而天文学的发展表明，行星与地面之间的距离超乎想象的遥远，就连距离地面最近的月亮都位于38万千米之外。月球对地球的引力会导致潮汐变化，对人体的生物周期也会产生些许影响，但与个人命运之间绝对不存在什么因果关系。

在古代，星座和行星都被视作神明，因此，伴随某颗星诞生的人会被赋予这颗星（神）的部分性质。人们认为，将一个人的生日与星座和行星的位置进行对照，就能预测出此人的性格与命运，这说穿了就是单纯的类推。在这里，笔者引用艾肯（L. R. Aiken）对占星术所作的归纳，并追加一些解释。

山羊座　对应的行星是土星（Saturn）。在罗马神话中代表农耕之神萨图尔努斯，他是在朱庇特之前掌管天地的主神。在山羊座与土星掌管之下诞生的人（生日为12月21日至1月20日），野心勃勃，小心谨慎，且十分努力。

水瓶座　对应的行星是天王星（Uranus）。对应希腊神话中的乌拉诺斯，他是世界支配者盖亚的儿子兼丈夫。他将孩子囚禁在塔耳塔罗斯，但仍被泰坦之子克洛诺斯夺取了王位。在水瓶座与天王星掌管之下诞生的人（生日为1月21日至2月19日），富有人性，叛逆，要么精力十足，要么意志消沉。

双鱼座　对应的行星是海王星（Neptune）。海王星的名称来自于罗马神话中的海神尼普顿，对应希腊神话中的波塞冬，据说其性格亲切但任性，习惯争强好胜。在双鱼座与海王星掌管之下诞生的人（生日为 2 月 20 日至 3 月 20 日），性格浪漫，富有同情心，但不切实际。

白羊座　对应的行星是火星（Mars）。对应罗马神话中的战神玛尔斯以及希腊神话中的军神阿瑞斯。在白羊座与火星掌管之下诞生的人（生日为 3 月 21 日至 4 月 20 日），性格冲动，充满冒险精神，喜欢辩论。

金牛座　对应的行星是金星（Venus）。对应罗马神话中的维纳斯以及希腊神话中的阿佛洛狄忒，她是象征美与爱的女神。在金牛座与金星掌管之下诞生的人（生日为 4 月 21 日至 5 月 21 日），善于忍耐，性格固执，勤劳务实。

双子座　对应的行星是水星（Mercury）。对应罗马神话中的商业与盗贼之神墨丘利以及希腊神话中的众神信使赫耳墨斯。在双子座与水星掌管之下诞生的人（生日为 5 月 22 日至 6 月 21 日），技巧出众，多才多艺，人际关系良好。

巨蟹座 对应的行星是月亮（Moon）。对应罗马神话中的女神露娜以及希腊神话中的神阿耳忒弥斯或塞勒涅。在巨蟹座与月亮掌管之下诞生的人（生日为 6 月 22 日至 7 月 23 日），想象力丰富、优柔寡断、重视家庭。

狮子座 对应的行星是太阳（Sun）。在希腊神话中代表太阳神赫利乌斯或阿波罗。在狮子座与太阳掌管之下诞生的人（生日为 7 月 24 日至 8 月 23 日），慷慨但散漫，渴望权力。

处女座 对应的行星是水星（Mercury）。对应罗马神话中的商业与盗贼之神墨丘利以及希腊神话中的众神信使赫耳墨斯。在处女座与水星掌管之下诞生的人（生日为 8 月 24 日至 9 月 23 日），善于分析，热爱研究，性格质朴。

天秤座 对应的行星是金星（Venus）。对应罗马神话中的维纳斯以及希腊神话中的阿佛洛狄忒，是象征美与爱的女神。在天秤座与金星掌管之下诞生的人（生日为 9 月 24 日至 10 月 23 日），富有正义感，善于感受美。

天蝎座　对应的行星是火星（Mars）。对应罗马神话中的战神玛尔斯以及希腊神话中的军神阿瑞斯。在天蝎座与火星掌管之下诞生的人（生日为 10 月 24 日至 11 月 22 日），具有批判性，口风紧，性格好斗。

射手座　对应的行星是木星（Jupiter）。对应罗马神话中的主神朱庇特以及希腊神话中的天神宙斯。在射手座与木星掌管之下诞生的人（生日为 11 月 23 日至 12 月 20 日），是理想主义者，心胸宽广，十分随性。

海王星是在 1846 年才被发现的，因此在这里没有出现。这种占星术尝试将近代天文学的发展成果融入古代构建的诠释系统之中，但由于行星的数目少于星座的数目，所以只能对应个大概。总之，地面到天体的距离与云层的高度相比，完全不在同一数量级上，它们与地面之间有着"天文"距离。所以星座及行星的位置与人的性格和命运完全没有什么关系。

容貌反映性格——面相学

婴儿出生后首先会注意到的就是人的脸庞（不过最近也有实验表明，其他具有复杂花纹的东西同样能吸引婴儿的注意）。脸是人体器官中个体差异最大的部分，所以利用相貌来进行个体识别也是最有效的。从古至今，有很多人相信自己只要看过一个人的相貌就能了解此人的性格。古代集面相学之大成者是亚里士多德[①]，他的作品被反复引用，对后世产生了巨大的影响。在此引用他的著作《形相学》中的部分精华。

> 嘴唇薄、嘴角不闭合、上唇在嘴部中段略微覆盖下唇的人，自尊心强且傲慢，以狮子和大型犬为证。
> 嘴唇薄且硬、虎牙突出的人，品性良好，以野猪为证。
> 嘴唇厚、上唇比下唇更向前突出的人，很愚钝，以驴和猴子为证。

[①] 亚里士多德（Aristotle，约公元前384—前322）：古希腊著名的哲学家、科学家和教育家，柏拉图的学生。——译者注

上唇和牙龈向前突出的人，喜欢诽谤，以狗为证。

鼻尖宽厚的人很轻率，以牛为证。

厚鼻梁的人很迟钝，以家猪为证。

尖鼻子的人很性急，以狗为证。

鼻尖圆润但下垂的人极具威严，以狮子为证。

……

亚里士多德以其博学的生物学知识为基础，进行了深入细致的推论。比如，他针对胆小这一性格，观察了大量胆小的动物，从中找出共同的肉体特征，然后将这些特征对应在人类身上。然而，他无视动物的生态系统，武断地将动物判定为胆小的、高傲的或愚钝的，这种判定本身就是错误的。其次，他认为人的相貌只要有一部分与某种动物相似，则相应的性格特征也会与该动物相似，这一推论明显也是错误的。仅仅根据外表的相似性来推断人的性格，显然不可能获得正确的结果。

不过在古希腊及古罗马时期，外貌与性格之间的关系是不容置疑的，"看相"是一种高尚的职业。特别是古罗马人，对面相学有着非常浓厚的兴趣。他们有在院子四周摆放祖先半身像以夸耀祖先的习俗，还有一些与外貌相关的奇妙仪式。古罗马人还会将蜡质的先祖的死亡面具装饰在家中，然后在家族举行葬礼时将面具戴在脸上。

中世纪时期，面相学受到占星术的影响，变得更加混乱。不过16世纪时，许多面相学书籍争相出版，以德拉·波尔塔（Della Porta）的《天界诸相》（1627年）为开端，面相学与占星术之间彻底划清了界线。

德拉·波尔塔是古代四气质理论的信徒，他认为五官端正的人气质定然是处于平衡状态的。可惜，他和亚里士多德一样沉迷于研究动物与人类的相似性。他主张“拥有类似山羊相貌的人一定和山羊一样愚蠢；而拥有狮子般相貌的人则如狮子一般强大，不知恐惧为何物”。

面相学在17—18世纪时依然极受众人追捧。苏黎世的牧师约翰·卡斯珀·拉瓦特[①] 是将面相学推广到全世界的关键人物之一。他个性敏锐，感受性丰富，坚信自己天生的职责是成为同胞在精神层面的守护者。身为一位才华横溢的艺术家，他在细致观察过诸多智者之后，留下了丰富的观察记录和速写画像，而著作《观相术文选》（1772年）的出版更是令他一夜成名。这本书很快被翻译成德语、法语和英语，一时间成为堪比《圣经》的必读物。它导致通过看相分析性格的行为在各地迅速盛行起来，甚至连戴着面具上街也成了一种风尚。

但是，拉瓦特的面相学理论犯了几个重大的错误，因此遭到了后人的批判。首先是凭空概括。比如，他认为如果一个人的眉眼端

---

① 　约翰·卡斯珀·拉瓦特（Johann Caspar Lavater, 1741—1801）：瑞士神学家、哲学家、诗人。——译者注

正、鼻梁挺直，那么性格也一定是直率正直的；如果眉毛倾斜，那么性格一定是狡猾而扭曲的；如果头发和眉毛都很杂乱，那么性格一定是粗暴的。这些猜测显然没有任何事实根据。其次，他对解剖学和博物学一无所知，许多生理学方面的解释都是错的。最后，他也根据人与动物的相似性来判断性格。这一做法也招来了诸多嘲笑。

　　拉瓦特的这本面相学书籍写得很文艺，完全依靠直观感受。虽然其中夹杂了少许科学理念，但充其量只不过是将自古以来有关性格判断的知识进行归纳，借此博得了大众青睐。面相学虽然被看作是后世人们研究情绪表达的开端，但直到现在，面相与性格之间的关系也没能获得任何科学证明。直到19世纪，面相学逐渐丧失了人气，让位给了新的"科学"理论——颅相学。

颅骨形状的秘密——颅相学

　　18世纪时，生理学、解剖学、神经学等科学取得了长足的发展。作为心灵的中枢，大脑的机能越来越受到人们的重视，但心理学这时仍未从哲学中独立出来。克里斯琴·沃尔夫[1] 提出了官能心理学的概念，他主张通过内省的方法分析心灵过程，并认为心灵是由被称作表象的各种官能构成的。当时的学术书籍都是用拉丁语撰写而成，但他却以德语发表，使他的观点迅速获得了普及。

　　19世纪初，德国解剖学家弗朗兹·约瑟夫·加尔[2]提出了一种新的学说。他认为，通过头盖骨的形状能了解一个人的精神特征与性格。在他之前也有人尝试将记忆、智力等机能与脑室联系起来，但加尔是第一个将智力和资质等机能分别对应到大脑皮层特定区域中的人。

　　加尔是一个认真且极富批判性的理论家。他认为，既

----

[1]　克里斯琴·沃尔夫（Christian Wolff，1679—1754）：德国博学家、法学家、数学家、启蒙哲学家，近代官能心理学体系的建立者。——译者注

[2]　弗朗兹·约瑟夫·加尔（Franz Joseph Gall，1758—1828）：德国神经解剖学家、生理学家，率先研究了大脑中不同区域的心理功能。1800年，他提出了颅相学的概念。——译者注

然心灵和身体之间肯定存在某种联系，那么我们必然能通过观察身体的形态来判断性格。大脑是心灵的载体，所以大脑的形状，即头盖骨的形状，一定就是解读心灵的关键所在。就好像铁匠天天打铁所以手臂一定会变粗一样，如果一个人的某项能力特别出色，那么与这项能力相对应的大脑区域就会变大，头盖骨在相应的位置也会凸起。所以只要观察头盖骨，我们就能了解一个人的能力。这一观点是加尔在少年时期看着朋友的脑袋时想到的。

加尔之前的官能心理学将知觉、意志、欲望、理解、想象等具有共性的官能作为基本单位，但加尔批判了这一理论。他提出了一系列能够体现个体差异的、更为本源的特征与官能。比如加尔提出色彩、位置、计算、顺序等官能属于本源性官能单位，并将自尊、善良、机智之类较为复杂的、具有共性的官能也考虑了进去。加尔提出的这一系列官能单位在今天看来显得相当滑稽，但与单纯依赖思辨的前人相比，他是一位难得的热衷于进行实际人品调查、头盖骨测量等工作的科学家。最初，他将自己的理论称作器官学或头志学，但后来他将研究重点放在了头盖骨的凸块上，并将该理论命名为隆起学。

1800 年，施普茨海姆（J. G. Spurzheim，1776—1832）参加了加尔在维也纳举办的讲座，之后成为了加尔的弟子。两人共同撰写了《精神系统及脑部的解剖学，以及人和动物的头颅的形状，测定其智力和道德品性之学说》（1810 年）一书。加尔是一位行事内敛的学者，而施普茨海姆却恰恰与他相反，后者热衷于宣传和普及活动，使加尔的器官学迅速流行开来，其风靡使学说的名称也在不知不觉中从“颅骨诊断”变成了“颅相学”。1813年，加尔与施普茨海姆分道扬镳，加尔独立将该著作进行了修订，改名为《大脑机能》并出版。而施普茨海姆则在欧洲各地和美国进行演讲，他于1832年访问波士顿，在哈佛大学医学院举行了演讲，受到热烈欢迎。但不久之后他就去世了，死因是高密度的演讲活动及欢迎仪式导致过度劳累。他的葬礼隆重宛如州葬。

　　颅相学在加尔和施普茨海姆死后继续在美国全境迅速流传。19世纪初是属于科学与民主主义的时代，颅相学家的理论表面看来都是合理且科学的，而且十分新鲜，因此受到了民众狂热的追捧，甚至创造了巨大商机。有名的颅相学家们通过出版各种通俗读物、举行巡回演讲，赚取大量金钱；测试夫妻二人契合度之类的颅相学应用书籍随处可见；与颅相学相关的店铺林立；方便自行测量颅骨的器材热卖；找工作面试时，人们甚至必须携带经过颅相学者公证的颅相图。图2.1简单介绍了颅相学中各种能力的划分方式。

　　虽然加尔是一位致力于研究官能与性格的基本单位的严谨学者，但他的研究成果却没有任何一项经得起后世推敲，反倒被冠上了颅相学创始者的名号，实在是有违他的本意。不得不说，这是历史对他的讽刺。如果不是施普茨海姆不遗余力的宣传，颅相学也不至于如此普及，加尔或许也不会在历史上留下如此大的恶名吧？

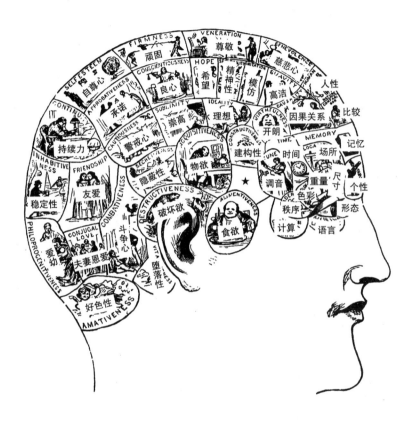

图2.1　颅相学所划分的大脑机能图

血液信仰的后遗症

血液是一种鲜红且令人敬畏的体液，受伤后倘若流血过多，就会导致死亡。从古至今，血液都被当作人体的重要组成部分之一，是与生命密切相关的存在。古印度的三气质理论中为什么没有包含血液呢？那只是因为这种理论将血液当作了人的生存不可或缺的要素，所以认为血液不会对气质和性格产生影响罢了。而在古希腊的四气质理论中，血液被认为是最重要的体质，血液较多的人性格开朗、善言谈、善解人意、悠闲。

在欧洲，直到中世纪时，医疗行业始终充斥着魔术、占星术和民间疗法，完全不能算是一个科学的体系。人们认为，血液象征着生命力，倘若血液发生病变，生命力就会衰退，导致疾病。也就是说，生病的原因在于血液病变，所以只要将发生病变的血液排出体外，病就会好了。放血疗法的实施者是外科医生与理发师①，他们认为，在患者不死的前提下，血放得越多越好。

---

① 理发店的标志一般是绘有红、蓝、白三色的圆筒，并不断旋转。据说，红色象征动脉，蓝色象征静脉，而白色象征绷带。——作者注

在实践中，既有被放血疗法治好的病人，也有死于放血疗法的人。如果患者恰巧得救了，那么大家会将其归功于放血疗法；如果患者不幸死亡，则会被认为是坏血没有被排净。总之，无论患者是生是死，放血疗法一定是正确的。如此，放血作为一种神奇的疗法，在 2500 年间始终一家独大，没有任何其他治疗方法能与其比肩。

那么放血疗法为什么会遭到废止呢？其一，1830 年英国伤寒大流行，被实施了放血疗法的病人接二连三地死去。用如今的话解释，那就是放血疗法的副作用太大，经过放血治疗后的死者明显增加。其二，同时期的法国医生亚历山大·路易（Pierre Charles Alexandre Louis，1787—1872）创立了医学统计学。他通过对数百例的治疗记录进行分析，显示放血疗法可能是无效的。其三，随着细胞生物学的兴起，大家发现生病的原因并不在体液，而在于肉眼看不见的微生物。因此疾病是由血液病变引起的这一观点遭到否定，放血疗法也就丧失了其存在的价值。

如果疾病的原因在于血液病变，那么除放血外，输血也可能成为重要的治疗方法。但输血比放血的技术要求更高，在很长一段时期内都无法实现。最早的输血治疗是 1667 年由巴黎医生让·巴蒂斯特·丹尼斯① 完成的。他在小牛的动脉里插入管子，

---

① 让·巴蒂斯特·丹尼斯（Jean-Baptiste Denys，1640—1704）：法国医生，路易十四的御医。——译者注

然后将管子的另一端插入精神病患者的静脉之中，用这种方法进行大量输血。由于剧烈的免疫反应，患者陷入休克状态，但至少保住了性命。患者在术后停止了发作，因此这次治疗被认为是成功的。丹尼斯认为，小牛的血液是"冷静的"，所以能够通过输血带给病人平静。此外，他还进行过犬类相互输血、将羔羊血输给人类等实验，但因为病人在输血后死亡，丹尼斯遭到了起诉，输血在法国被禁止。

直到150年后，医疗界才再次开始了人对人的输血。1818年，英国医生詹姆士·布朗德尔（James Blundell，1791—1878）给10名濒死的病人进行了输血治疗，其中5名患者死亡。而在1847—1856年间，希金森（Alfred Higginson，1808—1884）医生对7名患者实施过输血，其中5名死亡。后来，输血疗法逐渐开始流行，根据当时的统计，治疗的死亡率大约为56%。在灭菌措施还未发明且不具备血型知识的状态之下，死亡率如此之高也是无可奈何的。由于患者的死亡率过高，输血疗法在19世纪末再一次被叫停了。

1908年，阿雷克斯·卡雷尔①再次开始了人对人的输血治疗。卡雷尔是一位法国的外科医生，他在美国芝加哥大学获得了职位，而后进入洛克菲勒医学研究中心，利用动物进行血管吻合方面的研究。卡雷尔在同年3月某个周日的凌晨，遇到了熟人兰伯特博士的

---

① 阿雷克斯·卡雷尔（Alexis Carrel，1873—1944）：法国外科医生、生物学家与优生学家。获得1912年的诺贝尔生理学与医学奖。——译者注

意外造访。兰伯特博士的女儿生命垂危，需要进行输血治疗。卡雷尔决定让兰伯特博士充当供血者。他分离出博士的左腕动脉，将其与婴儿膝盖内侧的静脉缝合在一起。当时他连麻醉措施都没有采取。大量的血液流入婴儿体内，终于使她恢复了生机。这次输血甚至没有发生免疫反应，相当成功。

1900 年，维也纳病理解剖学研究所的卡尔·兰德施泰纳[①] 将多份血液样品在试管中进行混合，发现这些血液在一定条件下会发生凝聚。他原本以为这种凝聚反应只会发生在动物血液与人类血液、或病人血液与健康人血液相互混合的时候，但后来发现，健康人的血液相互混合，也会发生凝聚反应。于是，他抽取了自己和助手的血液，将血浆与血细胞分离开来，并系统地调查了这种凝聚反应的发生条件。结果，他发现血液可以分为三种类型，第一种类型（A 型）的血浆能够令第二种类型（B 型）的血细胞凝聚；同样，B 型的血浆也能令 A 型的血细胞凝聚。然而，A 型的血浆和 B 型的血浆都无法令第三种类型（C 型）的血细胞凝聚。由于 C 型与其他两种血浆都不会发生反应，所以后来又将它改名为 O 型。两年后在一次更大规模的实验中，他又发现了第四种血型，既会与 A 型血浆发生反应，又会与 B 型血浆发生反应，于是命名为 AB 型。

兰德施泰纳发现血型是一项划时代的创举，从此，人们就能通

[①] 卡尔·兰德施泰纳（KarI Landsteiner，1868—1943）：美籍奥地利科学家、免疫学家、内科医生、ABO 血型系统的创始人。——译者注

过检测血型避免凝血反应的发生，从而挽救了许多病人的生命。然而直到 1920 年，血型才被运用到实际的输血中，在此之前发生了大量的死亡事故。如今，从红血球、血小板、白血球和血浆等成分内发现的抗原类型已经高达数百种，根据它们的排列组合所决定的血液类型的数量也相当庞大。然而由于最早提出的 ABO 血型的划分方式给人们带来的震撼过于巨大，最终成为了日本典型的性格学说——"血型性格学"诞生的契机。

血型性格学的登场

最先将血型与性格联系在一起的是日本的医生，其中影响最大的是 1927 年古川竹二[①] 的研究。古川断定，既然血液在生理方面担负着重要的作用，那么血型与气质之间也应当存在某种联系。他通过观察自己家的 11 名亲属，得出了"O 型性格积极、进取；A 型性格消极、保守；B 型性格积极、进取（他的血亲中不存在 AB 型）"的结论。接着，他请自己的 269 名学生判断自己的性格属于积极还是消极，并对其中的 243 名学生进行了血型检测，以统计血型与性格一致性的比例，获得了令人震惊的结果：性格积极者的一致性达 81.7%，消极者达 79.5%。之后，古川又针对四种血型与古

---

① 　古川竹二（1891—1940）：日本教育学家、心理学家。他在 1927 年发表的论文《根据与气质的研究》等一系列论文和著作，正式将血型与性格联系到了一起。——译者注

代的四气质之间的关系进行了没有任何实证的联想。

> O型是积极进取的黏液质。精神方面的特征包括：主动、执着、自我、理性、注意力集中、阳性、不易为外界刺激所动、精力充沛。

> A型是消极保守的抑郁质。精神方面的特征包括：消极、无我（自我牺牲）、感性、注意力集中、阴性、易为外界刺激所动。

> B型是积极进取的多血质。精神方面的特征包括：主动、缺乏执着、注意力分散、偏阳性、很容易为外界刺激所动、精力充沛。

> AB型内在表现为A型（抑郁质）、外在表现为B型（多血质）。作为A型与B型的混合，其气质充满矛盾。

　　之后，各种针对古川学说的补充实验不断涌现，但得到的大多是否定性的结果。1988年的日本法医学会总会上，古川的学说正式遭到了否定。但是能见正比古[①]将古川学说改头换面，使其以通俗书籍

---

① 能见正比古（1924—1981）：日本作家，将人的血型与性格联系在一起，将"血型性格学"（即"血型性格分类"）广泛传播开来，著有大量的相关作品。

的形式重见天日，他的儿子能见俊贤[①]　也继承了这一事业。但显然，目前还没有任何实验数据能证明血型与性格之间真的存在关系。

---

① 　能见俊贤（1948—2006）：日本作家，因著作《血型性格学》而广为人知。

为什么伪科学信仰总是层出不穷?

为什么人类总是如此轻易地跌入类似的圈套之中呢?最大的原因或许在于,这些理论乍一看都挺正确的。那么,它们又为什么会显得正确呢?

"客观性"的束缚

在古代,占星术与天体观测总是密不可分的。天体观测研究的是客观事实,而对观察结果进行主观分析就产生了占星术。在古代,星星是神话世界的象征,所以在神话的基础上诞生了诸多对星星的分析,进而也诞生了许多针对伴随这些星星诞生的人的性格和命运的分析。这个分析过程是符合逻辑的普遍类推,似乎具备一定的合理性。但是利用占星术根本无法预测出正确的结果。

古代的气质理论也是同样的道理,它们的出发点在于某些通过观察获得的客观事实。随着人体解剖学知识的累积,血液、黏液、胆汁等被逐一发现,于是,有人通过观察和推理总结出了诸如血液偏多、黏液偏多或胆汁偏多之类的身体特征，之后又在理论上构建起这些身体特征与宇宙元素和性格气质之间的关系，从而形成了古代的气质理论。古代气质理论是以明确或貌似明确的事实为出发点的，并且经过逻辑推理形成的。但事实上，从来没有人验证出那三种或四种独立气质真的存在，大多数人只是盲目相信而已。

面相学和颅相学也是以通过观察得到的客观事实为出发点的。然而，从没有人对面相进行过严密的统计测定，它们所依据的仅仅只是主观的观察结果。面相学的分析都是根据动物性格类推或根据表情类推以及在概括的基础之上建立起来的。所以当然没有任何实际数据能证明这些分析的准确性。

另一方面，颅相学需要对颅骨进行严密的测量，所以让人感觉比面相学更科学。但事实上，颅骨的凸起与大脑的形状并没有对应关系，与人的精神就更没有什么联系了，一切都只是研究者的推理和假设。另外，颅骨其实并不是一成不变的，在受到环境和外界压力影响时，颅骨的形状也会发生改变。

血型性格学也是以明确的事实（即血液存在四种血型这一事实）为出发点的，只是因为四种血型恰好能和古代四气质理论扯上关系，所以研究者就凭空把它们扯在了一起。后来的科学研究已经发现了血液其实还存在其他无数种血型，但想要彻底改变四血型分析实在太困难，于是血型性格论者只好对以前的分析进行各种修正，来弥补原来的说法。当然，这些新的说法也从来没有得到真实数据的验证。

　　这些学说从来就不关心这些类推出来的结果是否正确。因为有三种体液，所以就一定也有三种气质吗？因为 ABO 式分类法将血液分成了四种，所以性格也一定可以归纳成四种吗？这些学说最大的特征就在于通过强调表面现象的客观性，来掩盖主观推论的错误。

心理学的验证会受很多意外因素的影响

科学的特征并不在于客观事实，反之，具备客观事实也并不一定就是科学。从客观事实中推理得到假设之后，还必须经过真实数据的验证才算是科学。在物理学等理论科学领域，客观事实的发现和解释都比较简单，只要进行几组实验，我们就能明确地验证出真伪。既不会因为研究者不同就得到不同结论，也不会发生不同研究者得出的解释南辕北辙的情况。

然而在心理学等经验科学领域，如何验证一种假说的真伪是一个很复杂的问题。研究者不同或是受试者不同，都可能导致不同的结果，甚至某项完全在预料之外的因素也会直接影响到实验结果。以下是几种最常见的情况：

实验者效应 当实验者以特定的结果为目标进行调查或实验时，很可能无意识地对受试者的行为产生诱导，从而得出歪曲的结果。比如，成为血型性格学开端的古川的研究，其结果和预期的一致性高达 80% 左右。大村政男进行过和古川完全相同的调查，实验结果却并没有得出血型与性格有明显的关系。因此，古川可能是对受试者施加了某些影响，诱导受试者做出符合预期的行为。研究者伪造数据的情况只是很少被发现罢了，实际上远比大家所认为的多得多。

知识的污染　如果被调查者具备与调查目的相关的知识，那么这些知识就可能会歪曲调查结果。比如，在某次针对占星术的大规模调查研究中，关于外向性格的结果与占星术的预测一致。但汉斯·艾森克以几乎不懂占星术的小孩为调查对象进行大规模调查后，却得到了星座与性格无关的结论。笔者也曾针对血型性格学进行过调查。在进行这类调查时，必须首先保证受试者不知道调查的目的，这样的安排绝不能省略。

巴纳姆效应　所谓巴纳姆效应是指，人们往往误以为某些人格的描述很精准地契合自己的情况，但这些描述其实是十分模糊、放之四海皆准的。比如，血型性格学认为O型的人"很努力"，但根据笔者的一项调查，认为自己符合这一特征的人在O型中为73%、A型中为73%、B型中为66%、AB型中为77%，无论哪种血型都达到了七成左右。也就是说，这一性格特征对于 A、B、AB 和 O 型这四种血型的人的符合度都是差不多的。如果有人说你是因为 O 型血才会这么努力，你就会产生"只有我符合"的错觉，进而误以为血型性格学是正确的。

确认偏误　当你在评价某种理论或某项假说时，总是倾向于有选择性地只收集、重视那些与假说相符的证据。比如，认同"O 型血的人很勤奋"这个假说的人，总是只记得那些既是 O 型血又很勤奋的人，却无视那些虽然是 O 型血但并不勤奋的人。非专业人士在进行判断时更容易犯这样的错误。

取样偏误　在实际的调查过程中，取样人数通常只有数百人。而诸如"O 型血的人都……"这样的假说，针对的对象却是全人类，全人类都是取样的母集。即使将样本范围扩大到数千人，依然只占"全人类"这个母集非常小的比例。因此，抽样的人数其实并不重要，重要的是样本质量。调查者必须从能代表母集性质的各区间内进行均衡取样。最理想的方式是随机取样，但在某些操作有困难的情况下，调查者往往不得不采取其他取样方式。如果取样不合适，就无法进行准确的统计学分析。血液性格学的提出者能见正比古采用的是读者调查问卷的方式，但只有那些对血液性格学感兴趣的、了解相关知识并拥有共同语言的人才会回答问卷并提交，不感兴趣的人根本不会参加调查。所以"读者调查问卷"这一取样方式从一开始就存在着巨大的偏差。

发表偏倚　学术研究通常是围绕着某项假说进行的。研究者如果获得了支持这项假说的实验结果，就会将其写成论文并向学会杂志投稿；但如果获得的是否定的结果，他们就根本不会动笔写论文。所以如果只看杂志上发表的论文，你就会觉得几乎所有的论文都是支持这项假说的。但事实上，还有许多研究并没有发表报告，因此必须打个折扣。在医学临床实验领域，研究者在获得某项研究结果之前必须先进行登记，这项制度可以避免发表偏倚的产生。但在心理学领域却没有类似的事先登记制度，所以在进行元分析（meta-analysis）时，研究者必须将发表偏倚考虑在内。（关于元分析，笔者将在之后的专栏中详细叙述。）

逻辑推理　并不等于实证科学，即使根据客观事实作出逻辑分析，我们得出的结论也不一定正确。科学理论不仅要满足逻辑合理性，更需要通过实验来验证。比如，古代气质理论的逻辑推理过程如下：宇宙要素⇒人类的成分⇒人类的气质，但推理的结果却是完全错误的。同样，血型性格学的基础则仅仅是不同的基因导致了四种血型的产生，因此不同性格的基因也应该不同。

如何对研究结果作出评价？

一般而言，实证科学要针对一项假说进行数百次实验，其中既会获得肯定的结论，也会获得否定的结论。研究质量是由多方面因素所决定的，所以我们不能简单地因为某项结果超过半数就下结论。

首先，我们必须对研究方案、受试者数量和取样方法进行分析，挑选出高质量的研究方式，然后再进行综合评价。不过，主观判断得出的结论很可能是错误的，所以我们还必须使用元分析这种统计学手段，计算出效果量（effect size）。换言之，实证科学就是使用元分析，将多次高质量的研究结果进行整合，从而确立支持该假说的证据（科学根据）。

在医学上，证据效力最强的研究方式是进行随机比较实验，该研究方法的核心在于将受试者随机分成实验组和对照组，并进行比较。

如果不是随机分配，则对受试者自身因素的控制不足，证据的级别将被降低。

如果只有实验组而缺少对照组，则实验组的数值将只随时间改变，根本不能算是实证研究。单一的病例研究也不能算是证据，必须形成系列。

专家意见很容易受主观因素和经验的影响，所以在证据中的等级最低。

专栏：什么是元分析？

所谓元分析，是指将同一问题的多项研究结果，以统计学手段进行整合的方法。元分析大致可分为：假设检验的整合和针对平均值之差、比例和相关系数等统计学数据的整合。[①]

假设检验（hypothesis testing）的整合

一般而言，运用实证科学对假说进行验证时，会先设立一个否定该假说的零假设（null hypothesis），然后根据零假设进行数学推理，计算能支持该结果的理论概率。假如理论概论是像 0.01 这样极其低的数值，那么就可以得出零假设不成立的结论，从而成为支持原假说的证据。

换言之，在数学上，想要证明 A 不等于 B 是很难的，但相反，如果假设 A=B，则很容易证明，在这个零假设成立的前提下得到现有实验数据的概率非常小。通常认为，

---

① 由于具体算式很复杂，所以此处省略。详见芝祐顺、南风原朝和：《行动科学中的统计解析法》，东京大学出版会 1990 年版。——作者注

当这个概率小于 0.05（5%）或 0.01（1%）时，就可以被采纳。这个概率叫作 p 值，也可以叫作出错率或第一类错误概率。如果 p 值非常小，则一般认为零假设不成立，从而证明了原假说的成立。

如果对同一主题已经进行了多项研究，人们往往以为用过半数原则就能进行判断，但如果单纯依赖这种直觉判断，很可能导致假说被否定。不同的研究会得出不同的 p 值，但这些 p 值还受到受试者数量等因素的影响，所以不能直接求它们的平均值。不过，我们可以利用 p 值的分布，将其变换成卡方检验值，然后利用卡方检验值计算出经过整合的 p 值，最后再根据该值对原假设进行综合判断。

平均值之差的整合

如果有多项研究是围绕同一问题中两组平均值之差所展开的，则各项研究的测量单位很可能并不统一，从而导致差值的单位也不统一。这时，我们就必须将差值换算成标准分。比如，在分别调查男女差值时，需使用（男性均值－女性均值）÷（男女标准偏差的均值）来计算。当存在多项研究时，我们要根据样本量或分数方差计算出权重，然后对这些差值逐一求出平均值，称作效果量。

一般而言，效果量大小的评价方法如下：小于 0.10 时近似于零，在 0.11~0.35 之间时为小，在 0.36~0.65 之间时为中等，在

0.66~1.00 之间时为大，大于 1.00 时为非常大。根据效果量，我们可计算出第一组的值超过第二组的值的概率。其计算结果大致为：效果量是 0.1 则概率为 0.53，0.3 则概率为 0.58，0.5 则概率为 0.64，0.7 则概率为 0.69，1.0 则概率为 0.76。

比如，关于某项能力，计算出男女差值的效果量为 0.10，则男性数值超过女性数值（或女性数值超过男性数值）的概率为 0.53，效果量近似于零。

相关系数的整合

如果多项研究都是围绕同一问题中两个变量之间的相关系数（correlation coefficient）展开，则必须对该相关系数进行整合。相关系数会受到样本量等因素的影响，所以不能直接进行相加和平均。在这种情况下，我们必须先将相关系数换算成能够进行相加的 Z 值，计算出考虑了样本量及分数方差的权重，然后再进行相加和平均，最后通过 Z 值的逆换算，将其换算回整合后的相关系数。该相关系数同样被称作效果量。

该效果量的评价方法与普通的相关系数相同。一般而言，相关系数小于 0.2，则可认为相关度非常小；如在 0.3 左右，则视作轻度相关；在 0.5 左右，视作具备一定程度的相关性；在 0.8 左右，则为高度相关。

相关系数的平方表示的是共同的变动幅度，称作决定系数（coefficient of determination）。由于决定系数反映的是两个变量之间共同的变动幅度，所以在这里也被称作影响力。

若相关系数为 0.2，则决定系数为 0.04，共同的变动幅度仅为 4%，这个值非常小，几乎可当作误差忽略。同理，若相关系数为 0.5，则决定系数为 0.25，共同的变动幅度达到 25%，这时可以认为两者之间具备相当大的相关度。

第3章 迈入类型理论的时代

类型理论源于古代的气质理论，但作为最早
的科学类型理论为人所知的，却是克雷奇
默①的精神病学类型理论以及将其拓展到正
常者范围的谢尔顿体格测定类型理论。该类
型理论在20世纪初到20世纪50年代曾风靡一
时，但其科学基础却相当可疑。日本的性格
心理学书籍常将这些理论当作具有代表性的
理论来介绍，但在现代，这两种类型理论基
本都已遭到了否定。那么，它们为什么会遭
到否定呢？

---

① 恩斯特·克雷奇默（Ernst Kretschmer, 1888—1964）：
德国精神病学家和心理学家，以研究体态、体
质与人格特征的关系闻名。

体格能预言精神疾病？

德国精神病学家恩斯特·克雷奇默的处女作《敏感性关系妄想》（1918年）与雅斯贝尔斯[①]的《普通精神病理学》（1913年），被誉为20世纪头十年出版的仅有的两部心理学名著。

在《敏感性关系妄想》这本书中，作者提出了通过分析多种要素进行诊断的"多次元诊断"。其中最重要的次元是体质，其次是性格，而研究这些次元间关系的著作是他的另一本著作《体格和性格》（1921年）。作者拥有深厚的艺术与文学造诣，他研究民族心理学的著作《天才者》（1929年）也相当著名。

克雷奇默十分热衷于体格测量，他总是随身携带测量体格的器材而不是听诊器，还常因此而被同事打趣。他坚信，罹患癫痫、精神分裂症（思觉失调）以及躁狂抑郁症这几种主要精神障碍的患者，都拥有固定的体格。在《体格和性格》一书出版之后，他依然热衷于收集数据，在

---

① 卡尔·西奥多·雅斯贝尔斯（Karl Theodor Jaspers，1883—1969）：德国存在主义哲学家、精神病学家。——译者注

后来的《医学心理学》一书中，他的样本量高达 8099 名。在这里，笔者通过引用《医学心理学》一书的内容，对其著名的类型理论作一个简单的介绍。

从表 3.1 中可以看出，精神分裂症与身材细长型、躁狂抑郁症与身材矮胖型之间存在密切的关系。

表3.1 克雷奇默提出的精神疾病与体格的关系

性格	精神疾病			
	分裂症	躁狂抑郁症	癫痫	合计
细长型	2632	261	378	3271
矮胖型	717	879	83	1679
运动型	884	91	435	1410
发育异常性	550	15	444	1009
非典型案例	450	115	165	730

克雷奇默假定精神障碍者与正常者之间的气质具有连续性，所以将未达到精神分裂症的程度，但处于该连续线上的气质称作分裂性气质；又将处于倾向于躁狂抑郁症的连续线上的气质称作循环性气质；另外，他还将运动型的固有气质称作粘着性气质。由于精神分裂症和躁狂抑郁症是当时最主要的两大精神障碍，所以克雷奇默认为与这两种精神疾病相对应的是相反的两种极端气质。以下笔者将对克雷奇默提出的体格与性格的关系作一下介绍。

矮胖型
（pyknic type）

这种类型的人到了中年之后四肢将相当粗短，身材矮胖。他们骨格松软，肌肉柔软，多脂肪，头部、胸部、腹部均肥大，但肩窄，容易秃顶，但胡子和体毛浓密。从属的气质为循环性气质，由其心情常在愉快情绪和抑郁情绪之间来回波动而得名。矮胖型又分为经常处于愉快状态的情况、始终处于抑郁状态的情况，以及介于两者之间的情况等。循环性气质者的精神状态切换并不存在什么特殊的节奏，表现出来的是均一、平衡的过程，对于喜悦和悲伤，变化十分灵活，并会产生自然的反应。面对普通的节奏，他们既可能十分迅速，也可能很缓慢。在精神运动机能方面也是一样，通常表现出圆滑而自然的表情和举动。生活态度方面表现出开放的、社交性的、率直的、自然的性格，容易受到环境影响，具有沉浸在当下的倾向。如果是艺术家，则容易成为现实主义作家或幽默作家，如果是科学家，则容易成为现实的实证经验主义者。代表人物包括马丁·路德[①]、戈特弗里德·凯勒[②]、亚历山大·冯·洪堡[③] 等。

[①]　马丁·路德（Martin Luther，1483—1546）：新教宗教改革的发起人，他的改革终止了中世纪天主教教会在欧洲的独一地位。——译者注
[②]　戈特弗里德·凯勒（Gottfried Keller，1819—1890）：瑞士诗人、小说家和短篇故事作家，他的抒情诗在德语文学里占有重要地位。——译者注
[③]　亚历山大·冯·洪堡（Friedrich Wilhelm Heinrich Alexander von Humboldt，1769—1859）：著名的德国自然科学家、自然地理学家，近代气候学、植物地理学、地球物理学的创始人之一。——译者注

细长型
（asthenic type）

窄肩、窄胸，身体瘦长成筒状，四肢和头部均偏长，头小、脸圆。骨骼和肌肉都很纤细，没什么肉。皮肤通常较为苍白，头发和眉毛浓密、硬挺。虽然会秃顶，但他们秃顶的年龄比较晚，体毛一般较为稀薄。从属的气质为分裂性气质。分裂性气质是介于极端敏感与极端迟钝之间的气质，其特征是愉快和抑郁、敏感和迟钝这两对情绪以各种比例混合夹杂。面对普通的节奏，没什么特征，但往往有自己特殊的节奏。对于伴随特定强烈感情的刺激，反应十分敏感，但对其他刺激则十分迟钝、冷淡、无反应。精神性的节奏难以预测，当你以为他在很长一段时间内仅仅执着于一样事物时，他却又会突然爆发出激烈的反应，然后再次陷入迟钝状态。具有将自己封闭在壳内生活的倾向，经常沉浸在脱离现实的梦想和观念之中。在艺术和文学方面，通常表现为敏感纤细、感情丰富的诗人，不谙世事的理想主义家，浪漫主义者，冷酷的狂热信徒以及冷酷的阴谋家等。代表人物包括：席勒[1]、荷尔德林[2]、

---

[1] 席勒（Johann Christoph Friedrich von Schiller, 1759—1805）：德国 18 世纪著名诗人、哲学家、历史学家和剧作家，德国启蒙文学的代表人物之一。——译者注

[2] 荷尔德林（Johann Christian Friedrich Hölderlin, 1770—1843）：德国浪漫主义诗人。——译者注

诺瓦利斯[①]、斯特林堡[②]、斯宾诺莎[③]、康德[④] 等。

运动型
（athletic type）

给人的印象是四肢长、肩宽、骨壮、脂肪少、肌肉发达。身体轮廓为长方形。强壮的脖子上架着一张沉稳有力的长脸。从属的气质为顽强的粘着性气质，对刺激的感受很迟钝。其特征是偶尔会突然爆发愤怒，但即便如此，与其他体格相比，他们依然缺乏强烈的感情以及敏感的感情冲动。他们性格认真、坚定，但当遇到需要以灵活性或剧烈的变化来应对的局面时，迟钝则会成为他们的缺点。不过，因为他们对刺激的感受能力低下，所以当其他所有人都陷入兴奋之中时，他们依然能保持冷静。他们能长时间保持注意力集中，思考模式是冷静、简单、朴素的，所以在科研方面的表现很踏实，让人觉得值得信赖。不过在文学和科学等领域内基本没出现过能被称为天才的人物。

克雷奇默的文笔很好，记叙生动活泼，十分具备说服力。他的

---

① 诺瓦利斯（Novalis, 1772—1801）：德国浪漫主义诗人。——译者注
② 斯特林堡（August Strindberg, 1849—1912）：瑞典作家、戏剧家、诗人。——译者注
③ 斯宾诺莎（Baruch de Spinoza, 1632—1677）：荷兰哲学家，西方近代哲学史上重要的理性主义者，与法国的笛卡尔和德国的莱布尼茨齐名。——译者注
④ 康德（Immanuel Kant, 1724—1804）：德国哲学家，德国古典哲学创始人，现代欧洲最具影响力的思想家之一，也是启蒙运动最后一位主要的哲学家。——译者注

很多书都被翻译成了日语，笔者在学生时代很喜欢看，也很相信他的理论。劳拉赫（Hubert Rohracher，1903—1972）在《性格学入门》一书中认为，克雷奇默的类型理论是以自然科学为基础的，并对它给予了很高的评价。

据说，克雷奇默的理论已通过各种实验获得了证实。冈本荣一在其论文中指出，细长型·分裂性气质对于形态知觉很敏感，具有将刺激分解成要素来感知的倾向；矮胖型·躁狂抑郁性气质对于色彩的感知很敏锐，是将刺激作为一个整体来把握的。不过，他的这种解释仅仅在针对极端分裂性气质和极端躁狂抑郁性气质时，才具有一定的准确性。

而作为对克雷奇默理论的批判，罗洛·梅[①]早在1963年就曾指出，克雷奇默列举的正常人的数据并没有根据年龄、职业以及社会环境等因素作出调整。

克雷奇默的理论立足于住院患者的数据，而且在年龄、社会背景、教育经历、体格等方面没有明确的基准，其中癫痫和运动型之间的关系并没有达到显著性差异[②]。他将民族型（某一人种所特有

[①]　罗洛·梅（Rollo May，1909—1994）：美国存在主义心理学家，是以存在主义哲学思想为基础的人本主义心理学家，也是存在心理治疗的代表人物之一。——译者注

[②]　显著性差异（statistical significance）：统计学上对数据差异性的评价。当数据之间具有了显著性差异，就说明参与比对的数据很有可能不是来自于同一总体（population），而是来自于具有差异的两个不同总体。如果说A、B两数据在0.05水平上具备显著性差异，就是说来自同一整总体的前提下得到这组数据的概率小于5%。——译者注

的体格）与体质型混为一谈的论调也遭到了批判。而且在美国，有研究表明，健康且发育良好的矮胖型与运动型青年在性格方面具有一致性，都是外向且现实的。这一结论与克雷奇默的理论相矛盾。笔者对各种批判的观点作了一个归纳。

克雷奇默没有写出对细长型、矮胖型、运动型等体型进行分类的标准，读者完全不清楚应该通过哪些步骤来判断体格，恐怕只有克雷奇默自己才懂得该如何判断。这样一来，其他研究者作出的分类与他所作的分类之间到底有多少一致性呢？因此，克雷奇默的类型理论只不过是他自己主观判断的结果罢了。

他将住院患者的特殊数据当成了一般性的数据。精神分裂症的发病率低于1%，但在年轻时就发病并被精神病院收容的比例很高；另一方面，躁狂抑郁症的发病率高达10%左右，但却很少出现严重的病例，所以住院率很低。如果只观察住院病人，就会得出精神分裂症的患者比较年轻、躁狂抑郁症的患者相对高龄这样的结论。

一般而言，年轻人的体型总是比较瘦高，而中老年人则比较矮胖。精神分裂症的患者一般在年轻时就会发病，而躁狂抑郁症的患者以中老年人居多。于是，精神分裂症的患者自然大多数比较瘦高，而躁狂抑郁症的患者自然大多比较矮胖。也就是说，克雷奇默忽视了年龄这个混淆变量。如果排除掉患者的年龄因素，体格与性格之间的关系可能就会消失吧？

就算分裂性气质、躁狂抑郁性气质以及粘着性气质真的存在，也只不过代表了性格中很小的一个侧面。与分裂性气质和躁狂抑郁性气质相似的内容在后来已经被心理学家卡特尔[①]以小因子的形式获得确认，但它并不是性格的主要方面。而粘着性气质的因子没有能被提取出来。依靠这些很小的特征，我们无法对人的性格进行正确的分类。

很遗憾，克雷奇默的数据经不起严密的推敲。在对两组或三组受试者进行比较的实验中，如果受试者群体的年龄、性别、职业、收入等的平均值和分布不一样，我们就无法判断受试者群体的差异到底是受哪项因素所主导的。躁狂抑郁症患者的确大多是矮胖体型的，但这到底是由躁狂抑郁症所导致的，还是由年龄或性别所导致的呢？因为众所周知，年龄的增加也会导致脂肪的沉积。但从克雷奇默的数据中，我们无法判断。所以在实验时，我们至少要保证三组的平均年龄相同，否则对体格进行的比较是没有意义的。如果运

---

① 卡特尔（Raymond Bernard Cattell，1905—1998）：英国和美国心理学家，创立晶体智力和流体智力理论解释人类认知能力。——译者注

用现代统计学原理求出年龄、收入、体型以及精神疾病之间的相关关系，就能通过数学方法消除年龄和收入的影响。这在统计学上被称作额外变量的控制。

克雷奇默虽然具有文学天赋，但却欠缺最基本的数据统计知识。如今，以克雷奇默的理论为基础的研究已经基本绝迹。在1994年的《心理学百科全书》第2版中，克雷奇默的名字作为一个单独的条目被收录在其中，但在2001年的第3版中却被删除了，仅在"类型理论"这一条目中略有提及。随后，在2010年的第4版中，类型理论的条目也被全部删除，克雷奇默的名字就彻底消失了。

体格与性格真的有关吗?

威廉·谢尔顿 (W. H. Sheldon, 1898—1977) 作为研究身体与气质之间关系的心理学家, 一生致力于进行身体测量。谢尔顿在很大程度上受到了弗朗西斯·高尔顿①爵士的优生学、切萨雷·龙勃罗梭 的犯罪人类学以及克雷奇默的精神病学类型理论等的影响。

20 世纪 30 年代, 优生学曾在美国流行一时。当时颅相学已经不再流行, 而身体测量和体育教育作为科学的象征开始盛行起来。在这样的时代背景之下, 谢尔顿获得了哈佛大学的斯蒂文斯 (Stevens) 和塔克 (Tucker) 的协助, 拍摄了 4000 名 18~21 岁的男性大学生的正面、侧面、背面的裸体照片, 测量其身体 17 处位置的尺寸。当时, 常春藤联盟学校 (Ivy League) 的学生均来自上流社会, 被公认为是杰出人种的代表。谢尔顿从这些测量数值中计算出了 18 种体格指数, 并将其归纳、分类成三大类别。他将这三大类别作为三种基本体型, 并以生物学用语对其命

①　弗朗西斯·高尔顿 (Sir Francis Galton, 1823—1911): 英国人类学家、优生学家、热带探险家、地理学家、发明家、气象学家、统计学家、心理学家和遗传学家。——译者注

名。在此引用冈本荣一[①]的说明作一个简单的介绍。

内胚叶型　消化器官显著发达，普遍肥胖，但根据营养状况的不同也可能较瘦。对食物很关注。与其他体型相比，身体密度较小，所以比较容易浮在水面上。

中胚叶型　肌肉和骨骼都很结实，皮肤很厚，血管、特别是动脉很粗。好动、力量强大。与其他体型相比，密度较大。

外胚叶型　神经系统和感觉器官比较发达，身体瘦高、虚弱。感觉敏锐，容易疲劳。与其他体型相比，身体表面暴露在外的比例较高。

谢尔顿将上述体型各分成7个阶段，并以1~7分进行评价，然后按照内、中、外的顺序用3个数字来表示。以内胚叶型3分，中胚叶型5分，外胚叶型2分为例，即表示为3-5-2。典型的内胚叶型为7-1-1；中胚叶型为1-7-1；介于三者之间的体型则为4-4-4。

谢尔顿在《体格的种类》（1940年）一书中列举了76种体型，

---

① 佐治守夫编：《讲座 心理学 十 人格》 第三章，人格类型论·因子论的展开，东京大学出版会1970年版。——译者注

在《气质的种类》（1942 年）中，又将相应的气质分别命名为内脏紧张型、身体紧张型和头脑紧张型。

内脏紧张型　这种类型与内胚叶型有密切的联系。姿势和动作缓慢，不爱动，反应迟钝。彬彬有礼，博爱，情感流露十分圆滑，感情交流较为自由。心肠好，忍耐力高，容易满足。

身体紧张型　这种类型与中胚叶型有密切的联系。姿势和动作强而有力，精力旺盛，喜欢运动，喜欢肉体冒险。喜欢粗野、直接的做法，富有竞争性和攻击性，喜欢危险和偶然。

头脑紧张型　这种类型与外胚叶型有密切的联系。姿势和动作较为压抑，反应迅速。十分在意细节，沉稳、习惯压抑感情和情绪。讨厌社交辞令，喜欢独处，不喜欢与人交流。

谢尔顿在《体格的种类》、《气质的种类》以及《男性的体格图解》（1954 年）中发表了体格与性格的关系理论，并获得了一定成功。他根据 200 人的数据，计算出体格与气质之间具有密切的相关性，其中内胚叶型与内脏紧张型的相关度为 0.79，中胚叶型与身体紧张型为 0.82，外胚叶型与头脑紧张型为 0.63。

蔡尔德（Irvin L. Child）在谢尔顿的研究基础上对 414 名大学生进行了追试。根据他的实验结果，内胚叶型与内脏紧张型的相关度为 0.13，中胚叶型与身体紧张型为 0.38，外胚叶型与头脑紧张型为 0.27。这次的相关系数明显小于谢尔顿的结果，但依然可以被认为是达到显著性差异。

科特斯（John B. Cortes）和加蒂（Florence M. Gatti）采用了比谢尔顿更为客观的体格分类法，研究了体格与气质的自我评价之间的相关性。为了避免实验者效应，体格由研究者进行评价，而气质则由受试者自己评价，用于形容气质的形容词清单以谢尔顿的理论为准。通过语句完成法[①] 的形式准备问卷，受试者自己选择适合自己的形容词。受试者为十分明确的内胚叶型、中胚叶型及外胚叶型少年（17 岁），共计 73 名。相关度分别为：内胚叶型与内脏紧张型 0.32，中胚叶型与身体紧张型 0.42，外胚叶型与头脑紧张型 0.32。这些结果均达到了显著性差异。

---

① 语句完成法（sentence completion test）：由测试者列举某些不完整的词句，要求受试者依自己的意见和意识，将不完整的部分加以补充完成，有点像填充题或是英文练习的完形填空。语句完成法是利用不完整的刺激字眼，借受试者的反应来了解其潜在心态，使研究人员能获得受试者对某一特定现象的深藏于心底的感受、看法或态度等资料。——译者注

谢尔顿理论的陷阱在哪里？

　　谢尔顿只是提出了若干的问题来测定性格，他在设置问题时并没有进行统计学解析。然而，他得到的体格领域的数值与性格领域的数值之间的相关度居然高达 0.8。针对不同领域进行的测定究竟是怎样获得如此高的相关度呢？

　　现在在做心理测试时，间隔 1~2 周进行的两次测量之间如果没能达到 0.8 左右的相关度，就不能判定为具有可信性。最近的心理量表（psychological scale）都是运用相当复杂的统计学方法开发的，但即便如此，要在 10~20 个项目中获得这么高的相关度，依然十分困难。

　　其实参考蔡尔德用于测定性格的提问项目，就能解开这个疑问。谢尔顿对内脏紧张型的提问包含 20 个项目：

　　　　姿势和动作迟缓、缓慢。

　　　　身体喜静不喜动。

　　　　反应迟钝。

　　　　好吃。

喜欢边说话边吃东西。

从消化之中获得快感。

喜欢严谨的仪式。

……

其中与性格直接相关的提问很少，几乎全都是与体格相关的，所以两个测试之间必然会显示出很高的相关性。

而蔡尔德对内脏紧张型的提问包括以下 7 项：

睡眠好。

半夜不容易惊醒。

倾向于吃下比维持体重和成长所需的量更多的食物。

不会受到焦虑、担心和烦恼等情绪的困扰。

觉得自己以及自己和世间的关系很好。

倾向于遵守社会规则。

对待所有熟人和朋友都很温柔、善良。

其中与体格相关的是 3 项，与性格相关的是 4 项。与谢尔顿相比，蔡尔德的调查与体格相关的项目明显减少，所以相关度必然就下降了。谢尔顿对"性格"的提问中，有一半都是针对体格所固有的行动模式。

从这里我们可以看出来，谢尔顿的调查之所以能获得极高的相关度，是因为他在性格领域混入了很多与身体密切相关的内容，从而获得同义反复的测定结果。另外，谢尔顿自己同时对受试者的体格和性格两方面进行评价，由此产生的实验者效应也很严重，甚至还存在故意捏造数据的可能性。在这之后，基于谢尔顿类型理论的研究基本绝迹，所以我们无从得知确切数值，但体格与性格之间的真实相关度充其量也只有 0.1 左右而已吧。

谢尔顿的类型理论得到的体型与行为特征之间的关系

如今已经没有人再进行谢尔顿的类型理论研究了。在网上进行检索，也难以找到相关内容。雷蒙德·马约尔（Raymond Montemayor）在 1978 年发表的综述具有一定的参考价值，所以在这里简单引用一下。

智　力　在 20 世纪 40—50 年代，谢尔顿研究了体型与智力之间的关系。他的研究得出，外胚叶型倾向于具有较高的语言能力，中胚叶型的语言能力则较低。不过由于受试者是 7 岁的儿童，过于年幼且人数较少，所以并不能确定。

男性化　蔡尔德和谢尔顿在 1941 年研究了 518 名男性大学生的体型与性别尺度之间的相关度。结果表明，内胚叶型为正 0.10，中胚叶型为正 0.12，外胚叶型为负 0.03。3 个数据均没有达到显著性差异。在之后的研究中，也没能证明体型与男性化程度有关。

社会行为　1951 年，汉利（Hanley）调查了 123 名中学生体型与行为之间的关系。结果表明，中胚叶型与"善于把握机会"、"勇敢"、"擅长游戏"、"在游戏中很活跃"等评价具有中等相关度。不过这些内容与其说是性格特征，倒不如说是身体运动方面的行为特征。

犯罪行为　在 1950—1956 年间，格里克（Glick）等人对 500 名犯下罪行的少年及 500 名普通少年，在年龄、社会阶层、人种等方面进行了比较调查。犯罪少年和普通少年的体型分别包括：内胚叶型 12% 和 15%，中胚叶型 60% 和 31%，外胚叶型 14% 和 40%。也就是说，有犯罪行为的少年多为中胚叶型，而外胚叶型较少。后来的研究也进一步确认了这些少年中胚叶型较多的事实。然而一般来说，有犯罪行为的少年的社会经济地位（收入）较低，大多从事体力劳动，所以更容易发育成中胚叶型。所以，中胚叶型并不是特定的反社会行为的原因，而是结果。

谢尔顿理论的衰落

谢尔顿的人种歧视观点在《青少年犯罪的多样化》（1949 年）一书中发展到极端。同时，常年担任其实验助手的芭芭拉·霍尼曼·希思（Barbara Honeyman Heath）告发谢尔顿在《男性的体格图解》一书中存在欺骗行为，他将身高—体重曲线修改得更为平滑，并将照片修改得更符合需求。《纽约时报》以"伟大的常春藤联盟的裸照丑闻"为标题，论述了这位科学家是如何欺骗精英分子脱光衣服的。霍尼曼与谢尔顿之间曾有过感情纠葛，后来却都成了体型专家，赚了不少钱。

谢尔顿的类型理论直到 20 世纪 50 年代才宣告终结。为了归纳《女性的体格图解》，他拍摄了数千张女性的裸体照片。然而他在华盛顿大学拍摄女性新生裸体照片的消息被泄露给了女生的父兄。第二天，大学管理人员和律师闯入谢尔顿的实验室，烧毁了所有裸体照片，他的体格理论也引发了广泛的争论。借用如今的说法，谢尔顿完全没有获得被拍摄者的"知情同意"，因此世人对他的攻击十分猛烈，再加上霍尼曼·希思的背叛，《女性的体格图解》最终未能得见天日。而在第二次世界大战期间，谢尔顿的优生学与德国纳粹思想具有一致性，也导致他广受抨击。

　　通过严格程序进行的体格测量乍一看十分符合自然科学的要求。然而由于体格与性格之间的联系很小，所以从体格推断性格时，掺杂着许多不确定的因素，根本就不具备实用性。《心理学百科辞典》对谢尔顿的处理与克雷奇默类似。他作为独立的条目被记载于1994年的《心理学百科辞典》第2版，但在2001年的第3版中被删除，后来在2010年的第4版中，类型理论被彻底删除，谢尔顿的名字也彻底消失了。

类型理论为什么受到大众的欢迎？

从古印度的三气质理论、古希腊的四气质理论开始，历史上不断出现过很多种类型理论，并且至今仍在继续产生。为什么大家都喜欢类型理论呢？这是因为类型理论简单易懂，这类启蒙书的作者很容易获得商业上的成功，并且很容易获得普及。然而如果要认真讨论类型理论的正确性，绝大多数情况下都很成问题。心理学家科恩（R. W. Coan）也曾对此作出过批判，笔者在这里追加一些说明。

类型理论将复杂的变量单纯化，所以很容易理解。但这些类型所描述的现象并不一定正确。现实中，与这些类型完全吻合的现象非常少，如果想要提高正确率，只能增加类型的数目。而增加类型的数目却并不能解决根本问题。

类型理论的分类是人工的、随意的，缺乏必然性。很多时候，都是依靠人的逻辑推理来分类的，但是能用于肯定这些分类的证据却十分稀缺。

一般而言，属性是以均值为中心，呈倒U字型分布（正态分布）的。以典型的外向型和典型的内向型这种类型理论为例。既不是外向型也不是内向型的平均化的人数是最多的。与平均的人相比，偏外向型的人以及偏内向型的人都比较少，而典型的外向型和典型的内向型则更加凤毛麟角。也就是说，符合外向型和内向型这两种类型的人几乎是不存在的。而要证实某种类型的存在，就必须有相当数量的人属于典型的该类型。比如，要证明某种狗或猫存在的必要条件，就必须存在相当数量的"纯种"。然而对于人类的性格而言，完全符合某种类型的典型，是极其例外的，绝大多数人是介于多种典型之间的。因此，类型理论从理论上就不适合用来描述现象。

类型理论所立足的经验数据是缺乏证据的。正如前文对克雷奇默和谢尔顿的研究的批判一样，在进行各组对比时，他们没有将年龄、性别、社会经济地位等其他变量进行整合，所以，根据他们的研究结果推导出的结论值得质疑。

体格与性格之间或许多多少少存在一些关系，但这种关联性是相当小的。就算我们能对体格进行严格的测量和分类，也很难根据这些数据推断出人的性格。也就是说，以性格测定为目的进行的体格测量，完全不具备实用性。

　　类型理论的研究在 20 世纪初期曾相当流行，在数十年里，人们曾进行过许多研究，但基本都在 20 世纪 50 年代告终。人们提出过各种各样的类型理论，但由于缺乏具有支持力的经验数据，这些理论的性格预测能力和描述能力都很差。

　　从《心理学百科辞典》中相关记载的变化可以看出，类型理论已经完全从学术界消失了。对现代心理学而言，类型理论是一种毫无价值的理论。几乎所有的研究者都已抛弃了类型理论这条道路，在不久的将来，类型理论大概也会被划入伪科学的行列吧。

第4章　精神分析理论的流行与退场

弗洛伊德①的精神分析理论也曾盛行一时。然而在弗洛伊德死后，精神分析理论经过了大幅度的修改，分化成为新精神分析学派（Neopsychoanalytic School）、客体关系论（Object Relations）和自体心理学（Self Psychology）。精神分析理论的影响力至今仍未完全消失，但大部分理论都经不起科学验证。在学术界，其理论中经过了实证的部分在重组之后融入了一般心理学理论之中，而精神分析理论本身则逐步扩散并消失。

① 弗洛伊德（Sigmund Freud，1856—1939）：奥地利精神病医生及精神分析学家，精神分析学派的创始人。——译者注

弗洛伊德理论

　　自 20 世纪初期到 20 世纪 50 年代，西格蒙德·弗洛伊德的精神分析理论都十分流行。弗洛伊德认为，精神分析是一种针对心理和性格的理论，它是一种研究无意识的方法，同时也是一种心理治疗方法。虽然有海量的研究都是以弗洛伊德理论为基础的，但弗洛伊德理论却始终未能获得科学证明，并且很多研究都得到了否定性的结果。精神分析理论作为精神障碍的病因论和治疗论，具有其独特的魅力，但根据这种理论进行的治疗却很少获得成功。如今，精神分析理论作为病因论的意义也几乎都已消失殆尽。不过在日本，弗洛伊德的后继者荣格[①] 和阿德勒[②] 的影响也很深远，对日本文化产生了巨大影响。以下笔者先对弗洛伊德理论及相关的研究作一个总结。

---

① 　荣格（Carl Gustav Jung, 1875—1961）：瑞士心理学家、精神分析医师，分析心理学的创始人。——译者注

② 　阿德勒（Alfred Adler, 1870—1937）：奥地利心理学家及医学博士，个体心理学派创始人。——译者注

弗洛伊德理论的心理模型

弗洛伊德的早期理论被称作 "分层模型"。这个模型把人的精神分为意识（conscious）、前意识（preconscious）和无意识（unconscious）三个层面（process）。意识是进行思考和对感情直接进行感知的层面；前意识是只要努力就能进入意识的层面；无意识是即使努力也无法进入意识的层面。弗洛伊德认为，在前意识和无意识之中，隐藏着诸多思维过程，而这些隐藏的内容都被替换成了其他的内容，所以，为了探索无意识的世界，必须对梦的象征进行解析。另外，他认为日常生活中的口误也具备象征意义。

弗洛伊德的理论在后期转变为 "结构模型"。该模型不是从意识性的层面对精神进行分类，而是从所担当作用的层面分为自我（ego）、超我（super-ego）和本我（id）。自我就是人的自我意识，相当于意识和前意识；超我与无意识下的良心对应；本我同样属于无意识，但其代表的是欲望（性欲）。自我的行动是以现实为原则的；本我以快乐为原则；超我遵循的则是传承自双亲的善良的价值观。欲望是动物性本能，所以不能毫不掩饰地直接表现出来，必须先经过自我和超我的检阅和压抑。如果欲望实在太强，而自我和超我太弱导致无法压抑，则自我将会被控制，从而患上歇斯底里等精神病。所以，只要让被隐藏、被压抑着的欲望进入意识层面，将其置于意识的约束之下，就能获得治愈。

在日本，以自我、超我、本我的机能划分为基础，衍生出了一套名为"自我状态测验"（ego-gram）的心理测试。这种测试中以"自己"代表自我，超我被分割成严父和慈母，本我被分割成任性的孩子和温顺的孩子。该测试在日本相当普及，但却缺乏合理性，只能当作一种心理游戏。

弗洛伊德的理论在发展的过程中，理论解释逐渐趋于拟人化，变得更加文艺、更具备说服力，但相反，却完全丧失了通过科学验证的可能性。

弗洛伊德理论的性格理论

在弗洛伊德的人格发展理论中，曾经有一部分据说获得了实验结果支持，但发展到现在，几乎所有论据都已经被推翻了。如今，这种理论恐怕就连登上大学课本的意义都已经不存在了。不过，它作为历史上的重要理论，对后来埃里克森[①] 的人格发展阶段论产生了直接的影响。

弗洛伊德根据欲望的发展，对人格发展的阶段进行了划分。从出生到一岁半左右为口唇期（oral stage），通过吮吸、舔舐母乳获得快感；从 8 个月到 3~4 岁为肛门期（anal stage），欲望的满足主

---

① 埃里克森（Erik Homburger Erikson，1902—1994）：德国发展心理学家、心理分析学者，以其心理社会发展理论著称，并创造了词语"认同危机"（identity crisis）。——译者注

要来自于大小便的排泄过程；从 3~4 岁到 6~7 岁为性器期（phallia stage），幼儿已经意识到性别的区别，在此期间，男孩将表现出对母亲的爱和独占欲，对父亲产生敌对意识和嫉妒心，这种现象被称作 "恋母情结"（oedipus complex）；从 5~6 岁到青春期为潜伏期（latency stage），这一阶段，孩子对性的关心程度比较低；从青春期到身体发育成熟之后为生殖期（genital stage），孩子开始热衷于以生殖为目的的性行为。弗洛伊德认为，孩子如果在某一发展阶段发生滞留现象，便将形成不同的固有性格。

口唇性格 指长大后依然滞留在口唇快感中的人。儿时通过吮吸乳头获得过足够快感的人，性格乐观、多话、外向。相反，吸吮乳头的欲望未能获得满足的人，缺乏耐心、喜欢依赖他人。进食的快感在长大后将转变为求知欲和所有欲，啃噬行为将导致将来喜好辩论的性格。

肛门性格 指滞留在肛门快感中的人。儿时的排便行为被母亲照料得非常好的人，会形成爱清洁、富有责任感的性格。将长期滞留体内的粪便一下子排净并从中获得快感的人，在长大后会吝于将金钱外借。如果排便行为被控制得过严，总被提前处理，则会形成固执、自我意识强烈的性格。

性器性格　会对同一年龄段的异性产生爱情，是一种发展正常的性格。

　　弗洛伊德的人格发展理论在强调幼儿期父母抚养方式的重要性方面具有一定的价值。在 20 世纪前半阶段，涌现出了大量相关的研究，其中有部分研究是支持该理论的，但得出的结果却十分暧昧。恋母情结获得的认同较为广泛，但弗里德曼（Howard S. Friedman）在 1952 年对此进行研究的内容是让孩子选择喜欢的故事，这种研究的可靠性并不强。有些研究的结果的确显示男孩对母亲的感情以及女孩对父亲的感情更为强烈，但很难作为支持恋母情结的直接证据。

　　1990 年之后，随着行为遗传学的研究越来越深入，大家发现环境对性格形成所产生的影响力小于 50%；抚养方式对性格形成所产生的影响力只有 1%~2%。父母的抚养方式的确会对幼儿的心情和行为产生影响，但研究结果已经证明，抚养方式对幼儿成人之后的性格并不会产生长期的影响，所以，弗洛伊德的人格发展理论和性格理论从根本上来说都是错误的。

弗洛伊德理论的神奇起源

　　弗洛伊德是怎样摸索出精神分析理论的呢？

令人惊讶的是，他的理论仅仅以一例戏剧性堪比小说的病例为基础。精神分析的开端，始于弗洛伊德和布鲁尔[①]针对歇斯底里症的共同研究。

1880 年 7 月，安娜的父亲罹患重病。安娜废寝忘食地照顾父亲，结果自己的健康状况却不断恶化，产生了衰弱、贫血、厌食、剧烈咳嗽等症状，根本没办法继续照顾父亲了。布鲁尔认为，她患的是典型的神经性咳嗽。到了 12 月，安娜又产生了内斜视视觉障碍，不得不卧病在床。然而，她的病情依然不断恶化，产生了右手挛缩、痉挛、麻痹等一系列剧烈的身体异常。同时，她的精神障碍症状也十分明显，伴随间歇性癫痫等意识障碍。白天精神萎靡，总是陷入沉睡难以苏醒。

布鲁尔判断安娜罹患了重症歇斯底里，于是通过催眠疗法，使引发歇斯底里状态产生的情境浮出意识层面，然后与患者谈话，对该情境进行分析，并通过这种方法进行治疗。宣泄（catharsis）理论由此产生。他认为，歇斯底里的背后隐藏着造成心理外伤的经历，只要能令这些经历浮出意识层面，症状自然就会消失。

据说，安娜的症状自 1882 年开始减轻。但是布鲁尔认为催眠只能产生暂时的疗效，症状随后还会复现，并且患者开始对治疗者产生了爱情（移情现象），所以中断了精神分析疗法。不过，弗洛

[①] 布鲁尔（Josef Breuer，1842—1925）：奥地利心理医生，曾企图以催眠来减轻病人的神经官能症。——译者注

伊德尝试采用自由联想法代替催眠疗法以解决上述问题，最终诞生了独立的精神分析理论。

但是后来汉斯·艾森克详细引用了桑顿（E. M. Thornton）的研究，严厉批判了弗洛伊德的方法。根据医学检查的结果，安娜的父亲所患的是肺结核并发症，在胸膜下方有脓肿。1881 年年初，其父进行手术后死亡，而安娜在护理父亲时感染了肺结核，并患上了结核性脑膜炎这种严重的身体疾病，导致了激烈的神经症状，并陷入嗜睡状态。布鲁尔和弗洛伊德将她的病误诊为歇斯底里，并由此构建起精神发泄理论和精神分析法。布鲁尔认为安娜已经痊愈，但事实上，她的症状在治疗结束之后依然存在。

由此可见，两人的病例分析的确存在偏颇之处。精神分析法倾向于将所有精神障碍的病因都归结于欲望，因而忽视了精神障碍的类型，其结果是导致了轻视客观诊断的倾向。当然，从误解和错误的病例分析中仍然是有可能诞生出正确的理论的。但是，这种可能性到底有多大呢？

弗洛伊德理论之后的动向

以欲望（性欲）为核心的弗洛伊德学说很难获得科学的验证，因此，这种学说最终也只能作为一种抽象的解释学存在。新精神分析学派的支持者们将欲望这一概念排除，并用别的概念来代替，所以它并没有在如今的精神分析理论中获得继承。在 1939 年弗洛伊德去世后，精神分析学便立刻开始出现了分裂。

在自我、超我、本我之中，强调自我的学派演化为自我心理学（Ego Psychology）。弗洛伊德的女儿安娜·弗洛伊德① 总结了退行（regression）、压抑（repression）、反向形成（reaction-formation）等自我防御机制（defense mechanism）。另外，哈特曼（Heinz Hartmann）关注于自我机能和动机的相互作用，并试图将皮亚杰② 和沃纳③ 的理论与精神分析理论进行统一。之后，自我心理学又分化

① 安娜·弗洛伊德（Anna Freud, 1895—1982）：著名的儿童精神分析学家，对新开辟的心理分析领域也作出了贡献。与父亲相比，安娜·弗洛伊德强调自我的重要性，认为人的能力可以通过社会的训练。——译者注
② 皮亚杰（Jean Piaget, 1896—1980）：瑞士人，近代最著名的儿童心理学家。——译者注
③ 沃纳（H. Werner）：德国心理学家。——译者注

自体心理学和客体关系论。而将新精神分析学派、自体心理学和客体关系论这三大学派混合、统一起来的则是现代精神分析理论。

新精神分析学派

阿德勒将自卑感（inferiority complex）作为核心概念，认为追求权力的欲望是为了弥补这一自卑感而产生的。阿德勒的思想被应用于对家族关系的研究上。比如，长子和次子相比，长子所拥有的权力更大，于是长子和次子便会养成不同的性格。阿德勒提出该理论之后，开展了数百项相关研究。但绝大部分研究在性格的测定方法上存在问题，没有对长子和次子的年龄差这一要素进行整合。所以说，被当作是长子或次子的固有性格的那些成分，也许纯粹只是由于代沟所产生的。也就是说，长子之所以更沉稳，次子之所以更爱撒娇，单纯是因为次子年龄更小罢了。在如今，阿德勒的假说已经遭到了否定。

埃里克森用心理社会发展阶段论代替弗洛伊德的性欲发展阶段论，并将其扩展至成年后期。他的理论中最有名的概念是青少年的认同危机（identity crisis）和同一性延缓（identity moratorium）。他认为，社会性的相互作用会对性格的发展产生重要影响。他的发展阶段论已经成为目前大学心理治疗等专业中必教的基本内容，但却依然未经证实。

　　弗罗姆① 将权威主义作为核心概念。他认为，必须将性格置于社会、政治等环境中进行理解。他在 1941 年发表了著名的《逃避自由》一书。这本书从社会学的角度分析了第一次世界大战之后的德国：由于灾难性的通货膨胀，下层中产阶级遭受了严重的经济与道德打击，无力感和愤怒导致了权威主义人格的诞生，并成为纳粹主义诞生的温床。

　　霍妮② 将基本焦虑作为核心概念。她认为，幼儿从母亲那儿体验到的焦虑和无力感，会对性格的形成产生重要影响。

　　荣格将无意识分为个人无意识以及人类普遍共有的集体无意识，并对集体无意识给予了重视。他的理论具有神秘主义倾向。他将精神机能分为思维、情感、感觉、直觉这四种，并根据心灵能量的倾向性区分内倾和外倾，由此确定了外倾直觉型、内倾直觉型等人格类型。在日本，河合隼雄的影响力使得很多人都相信了这一理论。另外，荣格的类型理论还可通过 MBTI 职业性格测试③ 进行测定，这个测试被日本 RECRUIT 公司的性格和职业适应性测试（SPI）采纳，流传很广。

①　弗罗姆（Erich Fromm，1900—1980）：人本主义哲学家和精神分析心理学家，毕生致力于修改弗洛伊德的精神分析学说，以契合西方人在两次世界大战后的精神处境。——译者注
②　霍妮（Karen Horney，1885—1952）：与阿德勒、荣格、弗罗姆等人齐名的西方当代新精神分析学派的主要代表。她以文化决定论取代了弗洛伊德的生物决定论。——译者注
③　MBTI 职业性格测试：一种迫选型、自我报告式的性格评估工具，用以衡量和描述人们在获取信息、作出决策、对待生活等方面的心理活动规律和性格类型。——译者注

沙利文[1]重视幼儿期的重要事件，从人际关系的角度出发，构建起针对精神分裂症患者的治疗体系。他提出的参与性观察（participant observation）的概念很有名。他认为，一个人的性格是通过其核心人际关系形成的。

客体关系论

客体关系论认为，通过分析一个人与其幼儿时期重要的外界对象（主要是母亲）之间的关系，就可以充分了解其性格，在自我、超我、本我之中，强调本我。该学派的代表人物包括克莱因[2]和维尼考特[3]。这种理论强调母子关系的重要性，主要研究母子关系与性格之间的关系。相应的治疗理论包括"提供模型"和"洞察模型"，前者认为，应该向被治疗者提供其在婴幼儿时期未能获得的爱情和照料；而后者重视感情转移的解释，以及如何令不安和冲突浮出意识层面。

"提供模型"鼓励与咨询者之间进行身体接触，甚至有临床学家与咨询者发生了性行为，导致恶劣的影响。"洞察模型"属于精

---

[1]　沙利文（Harry Stack Sullivan，1892—1949）：美国心理学家，他基于直接和可检验的观察进行心理学研究。——译者注

[2]　克莱因（Melanie Klein，1882—1960）：对象关系理论与儿童精神分析的创始人。——译者注

[3]　维尼考特（Donald Winnicott，1896—1971）：儿童精神分析领域的研究者。——译者注

神发泄理论的一种，但没有证据能证明它的治疗确实有效。客体关系论的实证研究持续了 30 多年，但是大多数采用的是诸如故事法、罗尔沙赫氏实验① 或主题统觉测试② 之类的主观测试，结论并不明确。

另一方面，鲍比③ 以客体关系论为基础，在 1969 年提出了依恋理论（Attachment Theory）。他认为，幼儿时期表示依恋的方式将对其成年后的人际关系和性格造成巨大影响。另外，爱因斯沃斯④ 在 1969 年发展出了陌生情境技术⑤。她将幼儿的依恋行为归纳为安全型、回避型和焦虑型三类，后来又通过采访及回答填空问卷等方式，针对成年期的依恋行为进行了研究。

20 年后，瓦特斯（E. Waters）等人对爱因斯沃斯利用陌生情境技术研究过的 60 名 12 个月大的幼儿进行了回访，并获得了其中 50 名的协助，对他们的依恋行为进行了评价。其中 72% 的人在幼儿期的依恋行为分类与成年期相一致，然而也有很多研究没有能获得幼儿期依恋行为与成年期一致的结论。也许，依恋理论只是从依恋

---

① 罗尔沙赫氏实验（Rorschach Test）：一种投射法人格测验，把被测试者对 10 种标准墨迹的解释作为情感、智力机能和综合结构的检测方法来分析。——译者注
② 主题统觉测验（Thematic Apperception Test）：同罗尔沙赫氏实验一样，也是一种投射法人格测验。——译者注
③ 鲍比（John Bowlby, 1907—1990）：英国心理学家，著名的儿童精神病学家。——译者注
④ 爱因斯沃斯（Mary Ainsworth, 1913—1999）：美国心理学家，依恋领域研究的先驱。——译者注
⑤ 陌生情境技术（strange situation）：在陌生的环境中，让幼儿与母亲分离，面对陌生人。——作者注

的角度将性格的一贯性进行了分析而已。

自体心理学

自体心理学中最著名的当属科胡特①的理论。该理论最初是为了解释自恋型人格障碍（narcissistic personality disorder）而被提出来的。科胡特所谓的"自体"与古典精神分析中"自我"的概念相类似，即"自体"是：

> 作为知觉和能动感（the sense of agency）的中枢的感觉。
> 理想和野心的统合。
> 在时间和空间之中身心合一的体验。

另外，自体客体（self object）这一概念指的是将自己与他人在一定程度上进行融合的产物，在婴幼儿时期，对应的是母亲。

这种理论中的"自我"的三个侧面是通过母子关系形成的，称作"核心自我（core self）"。核心自我在婴幼儿时期是按照以下的时间顺序发展起来的：

---

① 科胡特（Heinz Kohut，1913—1981）：自体心理学创始人。——译者注

明确了以成功为目标的努力和理想化的目标。

2~4岁时，牢固构建起作为野心和努力的中心的夸大性核心。

6岁之前，获得了针对目标付出努力的核心。

　　根据他的说法，如果这个核心自我遭到破坏，人就会患上精神病、边缘型人格障碍（borderline personality disorder）或自恋型人格障碍。很少有研究能从经验上证实科胡特的理论，但他的理论在制定自恋尺度的研究等方面产生了巨大的影响。

现代精神分析

伯恩斯坦[1] 将精神分析比作以毕加索为代表的立体画派（Cubism）。许多画家十分崇尚立体画派，但也有许多画家对其敬而远之，直到 20 世纪，仍有画家对它表示关注。弗洛伊德的精神分析同样如此，既有心理学家沉迷于其中，也有人对其不屑一顾，而如今的心理学家仍对它表示关注。认为精神分析充满魅力的心理学家在心理学教科书中占据了相当多的页数；而同时，厌恶精神分析的心理学家则认为，这其中有太多经不起验证的假说，充其量只是一种妨碍科学和临床心理学进步的伪科学。在日本和美国，都存在类似的观点。

现代的精神分析综合了行为疗法和认知疗法等方面的成果以及神经心理学和认知心理学的研究结果，理论获得了扩展，早已超出弗洛伊德古典精神分析的范畴。然而，对假说的验证依然只能依赖于病例分析，而这种方法最近开始逐渐遭到强烈的批判。不过在日本，相信精神分析的

[1] 伯恩斯坦（Nikolai Bernstein，1896—1966）：神经生理学巨匠，奠定了人体运动现代生物力学和运动控制理论的基础，是"活性生理学"的奠基人。——译者注

研究者仍然居多，大家似乎觉得没必要对这些假说进行验证。这样看来，精神分析的确阻碍了科学和临床心理学的进步。

韦斯登（Drew Westen）在 1998 年进行了一次综述性调查。该调查指出，如今的精神分析治疗者虽然并不认同诸如自我、超我、本我或缺失的记忆之类的概念，但在转向认知心理学的过程中，同样对无意识进行了研究，也收集到了支持精神分析的证据。韦斯登将其归纳为四点：

无意识过程的存在。最新的认知心理学研究确认了潜在的记忆和无意识的思考、无意识情绪的过程以及无意识动机的存在。冲突（conflict）、模糊（ambiguity）以及心理模块性（modularity of mind）均已得到确认。认知科学领域有种模型认为，人的心理是由各种模块构成的，信息经由这些模块获得并行处理。

弄清了儿童期的经历会影响性格的形成这一事实。人在成年时的性格在幼儿期就已出现端倪，幼儿期的经历将对性格形成产生巨大影响。另外，研究者们还进行了纵向研究，证明幼儿期遭受的性虐待是导致成年期焦虑和自杀的原因；父母的抚养态度如果是消极的，那么人在成年之后会变得抑郁。

证实了自己和他人和相关形象的重要性。弗洛伊德所重视的客体关系理论如今仍以依恋理论的形式继续研究。

有足够的实验室之外的数据能够证明弗洛伊德的有关性欲的发展阶段理论。在孩子们的依恋行为的研究中，还获得了支持恋母情结的证据。埃里克森在重视人与他人之间的关联的同时，逐步改良了这种发展阶段论。

韦斯登的综述是一篇长达 38 页的大论文，我在这里也没法作简单的概括。然而他所列举的证据中包含了不少仅存在间接证据的研究以及某些尚存在疑点的研究，所以只能说是太泛泛而谈了。

比如他提到的无意识过程的存在已经被人证实，关于这一点不存在任何疑问。然而，即使真的存在无意识的过程，也无法成为支持弗洛伊德精神分析假说的证据，冲突和心理模块性也是一样。如今，冲突和自我防御的概念基本已经被心理学家抛弃，转而研究应对风格（coping style）。

所谓应对风格，指的是直面由于压力而引起的情绪和焦虑的方法。应对风格包括尝试分析问题本身进而找到解决方法的问题关注型（problem focused）；向友人寻求帮助，时不时转换心情的情绪关注型（emotion focused）。与冲突和自我防御的概念不同，应对风格不存在复杂的假说，所以更容易通过实验获得实证。

　　另一方面，在很长一段时间内，大家虽然相信婴幼儿时期的经历会极大地影响性格的形成，但却几乎不存在支持这种结论的研究。如今，虽然有很多针对父母抚养方式的研究正在进行，但客观测量父母抚养方式的研究依然很少，大部分都是采用回忆法，让受试者自己填写问卷。所以说到底，抚养方式的长期影响仍然没有获得证实，从统计学上分离抚养方式与遗传因素的研究依然不存在。如果采用回忆法对性虐待等课题进行研究，受试者会很难客观地确认过往的经历。

　　冯纳吉（Peter Fonagy）在 2003 年围绕利用精神分析进行治疗这一主题撰写了一份综述。他认为，基于精神分析理论进行的治疗在治疗中还存在分析者对患者产生移情的现象（逆移情），所以通过精神分析收集到的数据是不可靠的，这导致支持精神分析的证据更加稀少。不过，对 26 例短期动力心理治疗进行元分析的结果表明，精神分析疗法获得了与其他治疗方法差不多的效果量。另外，有研究表明，针对高龄患者及惊恐障碍（panic disorder）的治疗也是有效的。

　　2002 年，国际精神分析学会针对北美和欧洲的治疗效果研究进行了综述，结论是：超过 50% 的效果研究在方法论上存在问题，而且没有证据能证明，精神分析疗法比其他疗法或安慰剂疗法更好。不过，从治疗前和治疗后的比较中可以看出，精神分析疗法对于症状较轻的患者一直都很有效。

　　另一方面，鲁伯斯基等人在进行治疗研究的同时测量了研究者对精神分析理论的忠诚度，结果表明，有92%的效果研究都与预测相符。也就是说，绝大多数的治疗研究都验证了最初的假设，这可能受到实验者效应的影响。最终，冯纳吉也承认，精神分析法要作为一门科学，在方法论上还存在缺陷，应该将它替换为以实验证据为基础的其他治疗方法。

　　当然，以精神分析为基础提出各种假说本身并没有错，关键问题在于，从没人想过要用合适的方法对这些假说进行验证。大多数时候，这些假说都停留在自我满足的解释学层面。

第5章　特质理论的诞生

类型理论强调的是极端的性格，却忽视了中庸的性格。类型理论只考虑性格是否与某种特定的类型相符合，至于到底符合到什么程度，则完全不在其考虑范围之内。相反，特质理论认为性格是连续的变量，比如，针对外向性这一特质，不能简单地判断人的性格是否与其相符，必须对其符合程度进行连续性（例如用1~100的数字）评价。因此，特质理论的表达能力和信息量远远超出了类型理论。

维度理论的开端与发展

现代心理学之父威廉·冯特[①]提出，如果认为古希腊的四气质会根据情绪波动的速度及强度发生改变，则将得到以下结论：

多血质的情绪速度快、强度低。

抑郁质的情绪速度慢、强度低。

胆汁质的情绪速度快、强度高。

黏液质的情绪速度慢、强度低。

大约100年后，汉斯·艾森克[②]又将冯特所定义的情绪速度替换为可变性，情绪强度替换为情绪性（神经质倾向）。如图5.1所示。将各种气质以纵横双轴（维度）为序在同一平面上进行归类，这一做法是划时代的。将各种气

[①] 威廉·冯特（Wilhelm Max Wundt，1832—1920）：1875年，他成为德国莱比锡大学的哲学教授，并开设了世界上第一所心理学实验室。由于他运用自我观察进行研究，因此被称为内容心理学。著有《生理心理学原理》等，对现代心理学的成立产生了巨大的影响。另外在民俗学领域，他的《民族心理学》一书也很有名。——作者注

[②] 汉斯·艾森克（Hans J. Eysenk，1916—1997）：英国心理学家。

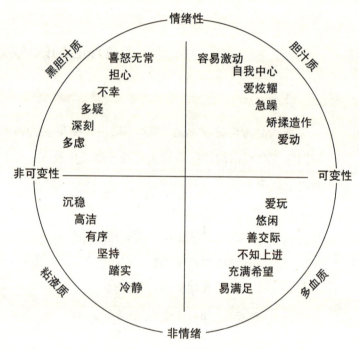

图5.1 四气质理论、冯特理论及艾森克理论的总汇图

质以纵横双轴（维度）为序在同一平面上进行归类。这一做法是划时代的。

　　在艾森克的性格理论中，横轴的右侧代表外向性，纵轴的上部代表神经质倾向，在该平面上对古代的四气质进行归类。根据这个维度理论，各种中庸的气质都可以在平面上找到对应的位置，而且仅利用纵横两种维度就可描述出四种气质。乍一看，你或许并不觉得这张图有什么特别之处，但通过维度转换，数据的表达能力发生了惊人的提高。如今，几乎所有的心理学家都采用了维度理论。

性格是"特质"的总和

所谓特质（traits），指的是具体且习惯性的感情、思考和行动等习惯的总和，而性格则是这些特质的总和。

"喜欢和朋友交往"、"朝三暮四"、"经常外出"、"注意力难以长时间保持集中"等就属于习惯性的行为倾向，而它们的总和构成了"外向性"这一特质。

其实，特质这一概念的起源是非常古老的。针对事物的名称，古希腊存在"本性说"和"规约说"这两种相对的学说。本性说认为，事物与其名称之间具有本源性关联；而规约说认为，事物与其名称之间的对应关系是偶然的。本性说的支持者包括毕达哥拉斯[①]、伊壁鸠鲁[②]、普罗泰格拉[③] 等；而规约说的支持者包括德谟克利特[④]、亚里

[①] 毕达哥拉斯（公元前 580—前 500）：古希腊哲学家、数学家和音乐理论家。——译者注
[②] 伊壁鸠鲁（公元前 341—前 270）：古希腊哲学家，伊壁鸠鲁学派的创始人。——译者注
[③] 普罗泰戈拉（公元前 485—前 411）：古希腊哲学家，诡辩学派的一员。——译者注
[④] 德谟克利特（公元前约 470/460—前 370）：古希腊自然派哲学家，古代唯物思想的重要代表，"原子论"的创始者。——译者注

士多德。柏拉图① 的立场则不明确，他在《克拉底鲁篇》中通过苏格拉底与赫摩根尼的对话，对规约说和本性说进行了辨析，认为这两种理论都是错误的。

英国法律家、哲学家杰里米·本瑟姆② 从本性说的角度出发，认为既然名称必然指代某个实体，那么只要留下价值中立的词语，应该就能自动获得用于描述实体的词语。随后，他开始了收集、整理性格用语的研究。

> 1884年，英国的弗朗西斯·高尔顿爵士经过统计发现，《朗文辞典》中收录有约1000个性格用语。

> 1910年，帕特里奇（Partridge）归纳出包含有与精神相关的750个形容词的词汇表。

> 1926年，珀金斯（Perkins）通过检索《韦氏新国际大辞典》，推定与性格和行为相关的词语约有3000个。

---

① 柏拉图（公元前 427—前 347）：著名的古希腊哲学家，他写下了许多哲学的对话录，并且在雅典创办了著名的学院。与苏格拉底和亚里士多德一起被认为是西方哲学的奠基者。——译者注
② 杰里米·本瑟姆（Jeremy Bentham, 1748—1832）：英国哲学家、法学家和社会改革家。——译者注

1926年，发展心理学家格塞尔[①]尝试将用于描述人类行为的形容词，根据智力、能量状态、社会关系、独立与责任、心情或情绪的控制、道德进行分类。

1932年，德国的克拉格斯[②]收集了4000多个用于描述内在状态的词语。

1933年，德国的鲍姆嘉通（Baumgarten）尝试将1093个形容词和名词划分为批判用语和中立用语。

1936年，奥尔波特和奥德伯特（Odbert）从《韦氏新国际大辞典》中选出了17953个词，并将其分为：被认为是性格特征的用语（4504词）、描述临时心理状态或心情的用语、评价性用语以及其他用语这几大类。三名心理学家对用语进行了分类，分类的一致性平均达47%。

　　奥尔波特等人的词汇研究对后人的研究产生了决定性的影响。他还同时提出了特质这一概念。他认为，特质不易被环境左右，是

---

① 格塞尔（Arnold Lucius Gesell，1880—1964）：美国心理学家和儿科医生，也是儿童发展研究领域的先驱。——译者注
② 克拉格斯（Ludwig Klages，1872—1956）：德国心理学家和哲学家、性格学和现代笔相学（笔迹分析）的创始人。——译者注

个体一贯保持的特征，且具备神经学及生理学基础。特质分为个体身上所独具的个人特质（personal traits）以及某个文化集团所固有的共同特质（common traits）。并且，他认为共同特质是能够测定的。

共同特质是具体且习惯性的行为的总和，例如外向性这一共同特质可以通过判断与"喜欢和朋友交往"、"朝三暮四"、"经常外出"、"注意力难以长时间保持集中"等问题有多大程度地符合来测定，由此设计出人格量表。

奥尔波特制作了多种人格量表、态度测试以及价值测试等，但他却尚未意识到因子分析法[①] 这一统计学手段的重要性。为了整理多达 4504 条的性格用语，奥尔波特之后的研究者对于因子分析法的应用变得越来越积极。

---

① 因子分析法：多变量解析法的一种，是指用几个潜在的因子说明很多的变量。源于查皮尔曼（Charles Spearman）的普通因素和特殊因素组合而成的数学模型。——作者注

特质有多少种?

在这里，笔者对相关研究的经过进行简单归纳。

1915年，韦伯（Web）在研究中请导师对学生的性格进行了细致的评价，评价尺度包括针对大学生的39项以及针对中学生的25项。通过观察相关行列，根据情绪、自我资质、社交性、活动性、知识好奇心等进行分类。1996年，狄利（Deary）对韦伯的数据重新进行了分析，并归纳出与如今的"大五模型"相类似的亲和性、外向性、尽责性、开放性、情绪稳定性五大因子。

20世纪30年代，瑟斯顿[①]将斯皮尔曼[②]的二因素模型扩展为多因素模型，提出了因素分析法。根据1934年的分析例，表现性格的60个形容词可分为如下五类：

---

① 瑟斯顿（Louis Leon Thurston，1887—1955）：美国心理学家和心理计量学家，美国心理测量学会的创立者之一。——译者注
② 斯皮尔曼（Charles Spearman，1863—1945）：根据智力测验的相关研究提出著名的二因素论，认为智力可被分析为g因素（一般因素）和s因素（特殊因素）。——译者注

1. 友好、投缘、心胸宽广、宽大、开朗；

2. 忍耐、稳重、诚实、热心；

3. 有毅力、勤奋、严谨；

4. 能干、率直、独立、勇敢；

5. 自负、嘲讽、傲慢、冷笑、性急。

其内容与如今的"大五人格"十分相似。

1930年前后，吉尔福特[①] 开始采用因素分析法探索性格特质，并设计出了吉尔福特－马丁人格量表（1940年、1943年）和吉尔福特－齐默尔曼气质调查表（1953年）。在日本，还依据前者制定出了YG人格量表（1957年）。吉尔福特提出的特质为13种，而YG则为12种。

之后，艾森克以吉尔福特的人格量表为基础，同时根据构成性格的"外向性"及"神经质"两个维度，设计出莫兹利人格量表（MPI，1959年）。随后，又在其中加入"精神质"维度，设计出艾

---

① 吉尔福特（J. P. Guilford, 1897—1987）：美国心理学家，主要从事心理测量方法、人格和智力等方面的研究。

森克人格量表（EPI），其中包括三种性格特质。

1943—1947 年，卡特尔将奥尔波特和奥德伯特的词汇表归纳成 35 个特质群（trait clusters），并从中得出 12 种特质。他忠实地遵循瑟斯顿的理念，为了减小误差而常选用多个因素及斜交因素（因素间存在相关的因素），他在问卷中追加了 4 个固有因子，形成 16PF 人格量表（初版 1941 年，修订版 1967 年）。当时的因素分析均依靠手工计算。

1949 年，费斯克（Fiske）在性格评价培训中从卡特尔的特质用语中抽取了 22 对，用三种方法分别对人进行评价。因素分析的结果表明，有五种相互独立的因素（正交因素）反复出现。费斯克将它们分别命名为社会适应性、情绪控制、亲和性、开放性、充满自信的自我表现。

1961 年，塔佩斯（Tupes）和克里斯特尔（Christal）利用卡特尔的 30~35 个形容词，进行了可靠性相当高的 8 次大规模研究。受试者共计 1700 名左右，采用互评方式。各组数据分别进行因素分析，从中获得了一致性相当高的五大特质，分别命名为：激情性、亲和性、可靠性、情绪稳定性、文化。

1981 年，迪戈曼（Digman）和竹本－乔克（Takemoto-chock）对卡特尔、费斯克以及塔佩斯等人的数据重新进行了分析，无论何组数据，均可获得类似的五种特质。同时他们还发现了卡特尔论文中的计算错误。

1967 年，诺曼（D. A. Norman）重新收集了《韦氏新国际大辞典》（第三版，1961 年）中的性格描写用语，并整理出包含 1631 个词语的词汇表。随后，他按照五因子的两端——相当于 10 个维度，对词语进行分类，整理出 75 大类、571 组同义词，最终确定了 1431 个形容词、175 个名词以及 25 个无法归类的词语。不过，该分类依据的不是现实调查数据，而是诺曼的主观看法。

1990 年，戈德堡（Goldberg）进行了一系列研究，让大学生使用诺曼的 1431 个形容词或其中的一部分作自我评定及相互评定，然后将它们归入不同的特质群（cluster）中，用特质群分数进行因素分析，结果在几个研究里都验证了五因素结构。

1992 年，戈德堡重新选择了分别代表五大特质的形容词，针对自我评定及相互评定进行了四项研究。在共计 6 项因素分析中，几乎全都获得了相同的五大特质。他将它们分别命名为：激情性（内向性—外向性）、亲和性、尽责性、情绪稳定性、开放性。根据该研究，日本的村上宣宽·村上千惠子在 1997 年设计了五因素性格量表。

2002 年，笔者从《广辞苑》中收集了 934 个性格描述用语。2003 年制作了包含 554 个词语的性格判断词汇表，并对大学生的自我评价进行了研究。从中选择表现个体差异的 317 个词语进行因子分析，获得外向性、亲和性、尽责性、情绪稳定性、开放性这五大特质。

什么是大五性格模型?

特质理论诞生至今已有百余年，有关基本性格维度包括外向性、亲和性、尽责性、情绪稳定性和开放性这五点的假说已经得到基本完善，该假说被称作五因素模型或大五性格模型。现在，这些特质已经在美国等世界各国反复地获得了验证。

大五人格模型并不是用来说明性格的理论，也不是从理论上对性格进行分析的方法，它只是提供了一种用于描述性格的构架。然而，大五模型的建立使不同的研究者终于能基于一个共同的构架对性格进行科学研究了。数百年间，性格研究始终被人们当作哲学和文学而非科学的分支，直到建立起大五人格模型，性格研究才终于得以跨入科学领域，继续发展。

在欧美，大五模型的名称一般为：外向性（extraversion）、亲和性（agreeableness）、尽责性（conscientiousness）、情绪稳定性（neuroticism）、开放性（openness to experience/intelligence）。为了便于记忆，取各因子的首字母，拼成"OCEAN"。日本研究者的术语基本都取自这些名称的翻译，不过译文并非完全一致。

外向性

外向性较高的人的特征为，精力充沛地与社会和事物进行接触，包括爱好社交、活跃、爱表达等。也就是说，外向性的人都怀有积极的情感，擅长社交，领导能力强，拥有较多朋友或性伙伴。相对的，外向性较低的人的特征为封闭、活动性低下。也就是说，内向的人是非社交性的，与双亲的关系不好，朋友很少。

在笔者进行的日语词汇研究中，也可以抽取出如下三种小因子（下位因子）。

社交性 封闭、埋头苦思、内向、冷淡

活动性 活泼、好动、活力十足、快活、热闹、开朗

表达性 含蓄、老实、多话、安静

测一测你的外向性吧

你的外向性特质是高是低呢？首先请阅读下列问题，并在符合

的栏目前打钩。

- ☐ 比其他人更爱说话。
- ☐ 相对而言，属于热闹的性格。
- ☐ 积极地与人交往。
- ☐ 和其他人一样，很快就能交上朋友。
- ☐ 行为比其他人更活泼。
- ☐ 常被人说很有精神。

请继续阅读下列问题，并在不符合的栏目前打钩。

- ☐ 相对而言，属于平凡、不显眼的人。
- ☐ 不擅长在众人面前发言。
- ☐ 相对而言，不擅长发起行动，更喜欢一个人思考。
- ☐ 相对而言，属于老实、乖巧的性格。
- ☐ 很少主张自己的意见。
- ☐ 相对而言比较沉默寡言。

打钩项目的总数是多少?

由于大五性格测试量表根据不同的年龄层进行了标准化，所以年龄不同，得分的含义也不同。平均来说，12~22 岁为 5~9，23~39 岁为 3~9，40~59 岁为 3~8，60 岁以上为 4~8。如果得分低于平均范围则性格内向；得分越高，则性格越外向。

亲和性

也有人使用宜人性等词，这仅仅是翻译不同罢了。

如果人的亲和性较高，则合作性也较高，倾向于不顾自己的利益、主动为他人行动；喜欢和同伴一起工作，常帮同伴的忙、与同伴谈心。另一方面，如果人的亲和性较低，则往往与敌意和敌对行为相联系，所以亲和性较低的人在人际关系方面会存在一些问题，少年时期可能会发生不良行为。另外，这样的人容易患心血管疾病。

在笔者进行的日语词汇研究中，可以抽取出如下三种小因子（下位因子）。

嫉妒 嫉妒、乖僻、纠缠不休、记仇、烦人

愤怒 易怒、冲动、性急、生闷气、毒舌

自私 自私、自我中心、任性、幼稚

虽然这里的词汇都是否定性的，不过与欧美的研究内容是一致的。

测一测你的亲和性吧

你的亲和性特质是高是低呢？首先请阅读下列问题，并在符合的栏目前打钩。

- ☐ 体谅他人。
- ☐ 对任何人都很亲切。
- ☐ 只要是大家共同决定的事，就会尽量配合。
- ☐ 相对而言，对人很热情。
- ☐ 常站在他人的立场考虑问题。
- ☐ 为了帮助他人，再麻烦的事情也愿意去做。
- ☐ 喜欢照顾小孩和老人。

请继续阅读下列问题，并在不符合的栏目前打钩。

- ☐ 即使是亲密的好友，也无法真正信任对方。
- ☐ 受到别人亲切的对待，就会怀疑对方居心不良。
- ☐ 即使是大家共同决定的事，对自己不利的话就不愿配合。

☐ 即使踏实工作，也无法获得什么好处。

☐ 别人的话都有水分，所以还是不要太相信的好。

打钩项目的总数是多少？

平均来说，12~22 岁为 7~10，23~59 岁为 8~10，60 岁以上为 9~10。如果得分低于平均范围，则性格不够亲和；得分越高，则性格越亲和。

尽责性

又被称为认真性或谨慎性。

如果人的尽责性较高，则能够以社会认可的方式抑制冲动。也就是说，尽责性高的人在行动之前先经过深思熟虑，能够忍住不获取报酬或延迟获取报酬；行为遵循社会性习惯和规则，善于计划，从而完成大量工作。尽责性较高的人通常学习成绩出众，工作优秀。另一方面，尽责性较低的人难以控制自己的冲动、缺乏责任感、学习成绩差、能完成的工作量很少。

在笔者进行的日语词汇研究中，可以抽取出如下三种小因子（下位因子）。

亲切 亲切、温柔、诚实、温暖、善良、有人情味、有良心

顽强 顽强、热心、一往直前、仔细

顺从 顺从、谦虚、重视、踏实

欧美的研究同样选择了这些小因子。

测一测你的尽责性吧

你的尽责性特质是高是低呢？首先请阅读下列问题，并在符合的栏目前打钩。

☐ 工作和学习干劲十足。
☐ 比别人更倾向于不遗余力。
☐ 习惯按部就班地考虑问题。
☐ 拥有明确的目标，制定恰当的完成方案。
☐ 旅行前会制定特别细致的计划。

请继续阅读下列问题，并在不符合的栏目前打钩。

   ☐ 常在尚未经过仔细考虑之时，就已经着手行动了。

   ☐ 相对而言，属于比较懒的人。

   ☐ 轻率地决定问题和行动。

   ☐ 比别人更容易对某件事感到腻烦。

   ☐ 一旦事情进展不如意，很快就想放弃。

   ☐ 即使是感兴趣的事，也常常半途而废。

   ☐ 比别人更容易只保持三分钟热度，缺乏耐心。

打钩项目的总数是多少？

平均来说，12~22 岁为 4~5，23~39 岁为 5~8，40~59 岁为 6~9，60 岁以上为 8~10。如果得分低于平均范围，则是不尽责的性格；得分越高，则性格越尽责。

情绪稳定性

一般使用情绪稳定性这个词，也可使用情绪不稳定性、神经质等用语。如果人的情绪稳定性较高，则情绪稳定，不易产生不满，不会因为他人发怒而陷入混乱。在学校和职场的关系良好，能从人际关系中获得较高的满足感。另一方面，情绪稳定性差的人，情绪很不稳定，经常感到不满，容易陷入情绪化；容易得病，很难恢复，心力交瘁，经常换工作。

在笔者进行的日语词汇研究中，可以抽取出如下两种小因子（下位因子）。

活力　行动力、开放、能量足、放得开、快乐、轻快、愉快

乐观　轻松、乐观、天真、享乐主义、随心所欲

这两个因子之间存在中等相关度。

测一测你的情绪稳定性吧

你的情绪稳定性特质是高是低呢？首先请阅读下列问题，并在符合的栏目前打钩。

　　□　很少担心。
　　□　相信自己和其他人一样，并不神经质。

请继续阅读下列问题，并在不符合的栏目前打钩。

　　□　对无关紧要的事情，也总是担心个不停。

☐　会去操心那些本不该由自己操心的事。

☐　相对而言，心情更容易改变。

☐　比其他人的烦恼更多、更烦心。

☐　倾向于把问题看得很难。

☐　总觉得不放心。

☐　时刻都有挂心的事，无法冷静。

☐　常常思前想后。

☐　很在意各种无关紧要的小事。

☐　经常紧张不安。

打钩项目的总数是多少？

平均来说，12~22 岁为 3~8，23~59 岁为 4~9，60 岁以上为 5~10。如果得分低于平均范围，则比较神经质；得分越高，则性格越稳定。

开放性

这个特质在大五性格模型中并不稳定，内容还没有完全统一。

开放性与人的精神及现实生活的复杂程度、深刻程度或广度相关。如果人的开放性较高，就会试图更新一切事物，这样的人通常拥有高学历和高创造性，热心于高科技；在日常生活中，他们热衷于调查，将时间花在学习上，喜欢看纪录片和教育节目；另外，还喜欢改变房间的布置，喜欢尝试与众不同的事。相反，如果人的开放性较低，那么他们对大多数事物都缺乏关心，保守，喜欢习惯性的生活。

在笔者进行的日语词汇研究中，可以抽取出如下三种小因子（下位因子）。

胆　小　胆小、恐惧、优柔寡断、狼狈

愚　蠢　轻率、不小心、笨、粗心、肤浅

意志薄弱　放弃、死心、半途而废、意志坚定、懒怠

收集到的几乎全部都是否定性的词语。

测一测你的开放性吧

你的开放性特质是高是低呢？首先请阅读下列问题，并在符合的栏目前打钩。

□　能看透自己的将来。

□　了解很多领域的专用词汇。

□　认为只要有机会，就能在这世上做出一番成绩。

□　比其他人更擅长从诸多问题和事物中归纳出共同点。

□　我是重要人物。

□　知识面很广。

□　即使大部分人都已经动摇，自己也能冷静处理。

□　比其他人的思考方式更简练。

□　比其他人更能看穿事物的本质。

请继续阅读下列问题，并在不符合的栏目前打钩。

□　一遇到难题，头脑就一片混乱。

□　不擅长分析问题。

□　很难想出与众不同的方法。

打钩项目的总数是多少？

　　平均来说，12~39 岁为 3~6，40~59 岁为 4~7，60 岁以上为 4~8。如果得分低于平均范围，则开放性低；得分越高，则性格开放性越高。

特质的总和

如今说到性格特质，一般指的都是外向性、亲和性、尽责性、情绪稳定性和开放性这五大特质。虽然与此相关的争论仍在继续，但经过一个多世纪的研究，性格特质已经基于大五性格理论完成了整合和重新诠释。根据最新的研究结果，性格特质表现出了超出人们原先预期的预测能力，它与人的实际行为之间有非常高的相关度（0.5~0.6）。在后面，笔者将单独用一章专门介绍如何用大五性格模型预测和解释人的行为。

02
Part

影响性格形成的因素

第6章　育儿神话的崩溃

18世纪，针对"自然人"的关心高涨。当时有观点认为，只有孤立于人类社会之外长大的孩子，才能体现出真正的人性。因此，阿韦龙野孩子以及被狼养大的少女受到了空前关注。然而这些事例的真实性均值得怀疑，经不起科学验证。不过，被遗弃的日本姐弟的事例凸显出了初期环境的重要性。

那么，父母的抚养方式究竟会不会对性格的形成造成重大影响呢？与世人的预期相反，至今为止的研究表明，父母的抚养方式与性格之间不具备联系，也不会影响性格的形成。

孤立长大的孩子

在与世隔绝的环境中长大的孩子会变成什么样子呢？公元前 7 世纪时，古埃及国王撒美提修斯（Psymmetichus）因为好奇被遗弃在自然之中的人类是否会说话，便进行了一项实验，将两名幼儿隔离于山中抚养长大。据说，孩子发出的第一个音节是 "pang"。之后，国王又凭借自己的权力，陆续地进行过多次类似的原始实验。这些实验在现代是绝对不可能进行的。

然而在现代，因为父母的原因而被遗弃或在与世隔绝的环境中长大的孩子的数量却绝不少。18 世纪时，人们受到让·雅克·卢梭①教育思想的影响，对"自然人"的关心高涨。但是，卢梭只不过是出于社会批判的角度才创造出了抽象的自然人这一概念。现实中的自然人到底是怎样的人类呢？所谓的自然人，在现实中是否真的存在呢？

很可惜，从社会环境之中隔离出来的、孤立长大的孩子不可能成为正常的人类。过去人们津津乐道的各种著

① 让·雅克·卢梭（Jean Jacques Rousseau，1712—1778）：法国启蒙思想家、哲学家、教育家、文学家。——译者注

名案例其实缺乏真实性，这些孩子很有可能是因为本身存在遗传缺陷而被遗弃的。这些特殊的案例无法将环境因素与遗传因素分离开来，所以并不具备学术价值。

阿韦龙[1] 野孩子的故事

1799 年，法国的三位渔民在探索法国南部的一片森林时发现了一名男孩。这名男孩约 11~12 岁，浑身赤裸、肮脏，伤痕累累。尽管男孩试图逃跑，但渔民在他爬树时将他抓住，带回了村庄。男孩表现得像是聋哑人，对试图接近他的人又抓又咬。他的身体不停地摇摆，无法控制排泄，也没法给他穿衣服。野孩子的事情传开后，大家发现，其实在 5 年前就已经有关于他在森林里出现的传闻了。

野孩子后来逃走，并在森林中度过了一个冬天，但是之后又被人抓住了。医生菲利普·皮内尔[2] 对他进行了诊断。这个孩子的视线无法集中，听觉的敏感度极为匮乏，手脚无法准确地活动，情绪不稳定，会突然大笑或突然发脾气，不会说话，所以皮内尔医生诊断他为无法治愈的重度智力迟滞儿童，并判断他是不久前被双亲抛弃的。

让·伊塔德（Jean Itard）无法认同皮内尔的这个结论。他认

---

① 阿韦龙：法国南部比利牛斯大区所辖的省份。
② 菲利普·皮内尔（Philippe Pinel, 1745—1826）：法国医师、精神病学家，现代精神医学之父。

为，这名少年靠着吃一切能获得的东西为生，独自生存了至少7年。伊塔德给少年取名为维克多（Victor），花了5年时间对他进行了热心的教育。

伊塔德的教育目标为：

> 对社会生活产生兴趣；
> 能注意到环境的刺激；
> 学会游戏和文化；
> 学会说话；
> 学会通过绘画和文字等进行交流。

伊塔德将这些复杂的课题分解成多个小阶段，逐步教育维克多。他率先使用了行为分析学这一行为主义技巧。经过5年的教育，维克多获得了巨大进步，但仍然远远没有达到正常人的水平。他只能说很少的几个单词，我们甚至无法确定这些单词在他的概念里是否是作为语言学会的；他虽然能对照顾他的人表现出些许依恋，却无法用语言表达。

伊塔德的教育以失败告终。然而，他的教育方法对埃杜阿·塞古因（Edouard Seguin）以感觉训练为基础的特殊教育理论产生了重大影响，这种特殊教育法又被玛丽亚·蒙台梭利[①]的教

[①] 玛丽亚·蒙台梭利（Maria Montessori，1870—1952）：意大利幼儿教育学家，蒙台梭利教育法的创始人。

育法所继承。

　　阿韦龙野孩子是否真的存在？我认为，皮内尔的诊断才是正确的，野孩子其实是一个神话。可以推断，维克多是因为智力发育迟滞而遭到遗弃的儿童。根据当时的传闻，这个少年其实是 M 市里一个名叫 D. N. 的人的孩子，因为他到 6 岁仍然不会说话，所以被父母遗弃。

　　即使是成年人，独自一个人在森林中生存也是很困难的一件事，所以孩子更不可能独自一人在森林中生存好几年了，可能是有人偷偷给他提供了食物吧。不过，伊塔德的教育虽然以失败告终，却并非毫无建树。如今，伊塔德被认为是特殊教育的创始者。

被狼养大的少女

　　1920 年，在印度发现了两名被狼养大的少女，她们分别被取名为卡玛拉和阿玛拉。据说被发现时，她们完全像狼一样，丝毫没有任何像人类的地方。阿玛拉死于被发现的 1 年后，而卡玛拉死于 9 年之后。她们虽然对抚养她们的辛格夫妇产生了依恋感情，但在智力方面却没有丝毫的发展。但是，该事例的真实性仍然值得商榷。狼奶是无法养育人类的婴儿的，并且狼也不可能会去养育婴儿。

　　辛格牧师留下了详细的记录和照片，但其中存在很多不自然的地方。铃木指出，这些照片拍摄于不同的时间，但拍摄的背景却几乎相同，甚至拍摄角度也相同；据说两个狼孩四肢着地奔跑的速度快到令人追不上，这一点也很奇怪；另外，据说这两个孩子只吃生肉、夜行性，而且会爬树，但狼却是不会爬树的杂食性动物，而且并非夜行性。

也许这对夫妇的确发现了被遗弃在森林中的孩子，但这两个孩子却并不是被狼养大的。那么，为什么辛格牧师要宣称她们是被狼养大的呢？

阿玛拉死亡后的第6年，英国和美国的报纸分别报道了她死亡的消息，之后，前来询问辛格牧师的专业人士便络绎不绝。辛格牧师似乎配合他们的询问，作出了添油加醋的回答。而被狼养大的少女的传说之所以会如此迅速地传播开来，则是受到了发展心理学家格塞尔的很大影响。

在20世纪上半叶，遗传与环境之争越来越激烈。发展心理学家格塞尔的立场是遗传优先理论，而1929年的同卵双胞胎学习实验貌似肯定了遗传优先理论。这一实验是：在双胞胎出生后46周时，仅对其中的一个孩子进行为期6周的攀登阶梯训练。经过训练的一方能在攀登时在速度上获得微弱的优势。之后，再同时对双方进行2周的训练，再比赛时成绩完全发生逆转。由这个实验产生了准备状态（readiness）这一概念，即在发育尚未成熟到某种程度之前，学习将无法产生效果。然而，学习轮滑运动时，却是越早开始训练的孩子进步速度越快。这说明学习的课题与身体构造对学习进步的速度影响都很大，因此，遗传优先理论的地位被动摇，格塞尔的双胞胎研究法遭到了其他学者的批判。

当时，华生① 在美国提出了行为主义学说，心理学界的风头转向了环境决定一切的环境优先理论。于是格塞尔认可了辛格牧师的记录的真实性，并将其作为证明遗传和环境同样会对人产生重大影响的证据。格塞尔认为这样就能让他再次获得世人的瞩目。他以极大的篇幅将"被狼养大的少女"写入发展心理学的教科书，使这个故事广为流传。

在日本，这个故事还被作为强调环境的重要性事例，收录小学思想品德课本。然而，这些被遗弃的孩子很可能本身就在遗传上具有缺陷，更不可能真的是被狼养大的。这种虚构的故事用于品德教育真的合适吗？

被遗弃的姐弟的真实事例

1972 年 10 月，日本某市的一起虐待事件被曝光，一对分别为 6 岁和 5 岁的姐弟被人救出。被救出时，他们的身高都只有 82 厘米，体重仅 8.5 千克，无法步行，只会用膝盖爬行；姐姐只能说两个字，而弟弟什么都不会说。两人的智力水平均只达到 1 岁半的标准。

他们的父亲是当地富裕地主的小儿子，连小学也没好好上过，

---

① 华生（John Broadus Watson，1878—1958）：行为主义的奠基人。

不会读写汉字。他虽然当过小官，但是由于懒惰，没有做很长时间，依靠经商赚一点微薄的收入。他毫不压抑其暴力的性格，经常随意虐待孩子。

他们的母亲是个朴素的农村女性，与前夫育有二子，再婚后依然每年怀孕生子，共生育了 7 个孩子。她在家帮人缝缝补补维持家计，弄得身心俱疲，于是逐渐放弃了抚养幼儿的职责。被救出的姐弟俩是他们的第 4 和第 5 个孩子。

被虐待的状况是这样的：一家人借住在寺院的庭院里，家长在庭院的回廊中围出了一个方形小屋，从 1971 年 3 月开始，两个孩子就被关在这个屋内。据说姐弟两人出生时，全家就已陷入了极端贫困的状态，经常每天只能吃到一顿饭。姐弟两人出生后的前三个月还能获得足够的营养，但之后每天就只能吃到一碗粥或一碗面，由于饥饿而营养不良。自从被关进木板搭建的小屋之后，两人的大小便也无人照料，完全被遗弃了。他们在这种几乎完全与母爱以及社会和文化刺激相隔绝的状态中成长，导致了极端的发育迟缓。

心理学家们组成了研究小组，进行了约 6 年的追踪研究，获得的结果却并不尽如人意。

姐弟俩被救出后约一周就开始走路了，身高急剧增长，只比同年龄的孩子稍微矮一点。他们的身体运动机能发展也十分顺利。被发现时，他们只长了乳牙，但之后恒牙很快就长出来了。他们与保育员之间迅速建立起了依恋感情，他们缺乏攻击性，对紧张和压力的耐受性很差。

　　两人的语言学习也进展很快，但是他们到小学四、五年级的年纪时，语法能力仍然停留在五六岁的水平，无法阅读、理解和造出长句或复杂的句子。两人的智力指数在最初只有不到 50，后来短暂地恢复到 90 左右，但 6 年后，依然维持在 50~60 之间。他们兄弟姐妹的智力都正常，所以不可能是遗传缺陷，只可能是初期环境的营养不足导致的。

　　关于语言的学习，雷纳伯格（Lenneberg）提出了关键期假说（critical period hypothesis）。他认为在 2~3 岁左右的成熟阶段，语言才开始发展，直到 12 岁为止。在这一时期内，儿童习得母语。在这一期间如果孩子没有能学习语言，之后的语言学习将十分困难。这是由于神经系统以及脑部构造的变化所决定的。通过对失语症患者的调查发现，4~10 岁的失语症患者可以重新学习丧失的语言，并完全恢复，但成人失语症的恢复必须基于生理学的恢复，所以丧失的语言无法完全恢复。雷纳伯格认为，这就是语言学习的关键期。

　　诸多研究证明，鸟类在出生后也存在急速学习进步的"印随"（imprinting）现象。因此我们可以认为，生物都存在一段与神经系统的成熟阶段相对应的学习高速进步时期。如果初期环境处于极度不足的状态，则可能给智力及情感的发育带来极大的阻碍。

抚养方式真的很重要？

如果孩子是被遗弃或在与世隔绝的极端状态下长大的，他的智力及情绪就会发育迟缓。但如果环境没有这么极端，父母的抚养方式又会对他们的智力及情绪发育产生怎样的影响呢？

数百年，又或者是数千年来，人们都坚信父母的抚养方式是相当重要的，会对孩子的性格形成产生重大影响。弗洛伊德十分强调父母抚养方式的重要性。他认为，根据欲望（性冲动）的发展方向和发展场所，可分为口唇性格、肛门性格等①。也就是说，他认为父母的育儿态度决定了孩子的依赖性和信赖感等。

1953 年，怀廷（Whiting）与蔡尔德调查了 75 种未开化民族的抚养态度与口唇性格、肛门性格、性、依赖性以及攻击行为之间的关系。他们发现，不同民族针对排泄训练所采取的方式有着显著的区别。达荷美人（Dahomey）对孩子的要求十分严厉，而西里奥诺人（Siriono）则十分

---

① 这是类推造成的生拉硬套。虽然这种理论很愚蠢，却在很长一段时期内被奉为真理。——作者注

宠溺。在进食和断奶的习惯方面，阔玛人（Kwoma）对孩子极度放纵，而爱奴人（Ainu）将婴儿放在吊起来的摇篮中就不怎么管了。按照弗洛伊德的理论，在人生最初阶段的这些体验应该会影响成人后的行为倾向。然而源于精神分析理论的假说虽然在一定程度上获得了实证支持，但因为孩子的成长中包含的因素太多，所以研究者们没能得出明确的结论。之后，再没有人进行过民族学领域的大规模调查。

哈里斯（Judith Rich Harris）在《教养的迷思——父母的教养能否决定孩子的人格发展》一书中指出，所谓满怀爱意的拥抱能教育出温柔的孩子，睡前讲故事能教育出勤奋好学的孩子，离开父母让孩子一个人睡能培养孩子的独立性，体罚将导致孩子充满攻击性等这些观点其实全都是错误的，他将这些观点统称为 "育儿神话"。

最近的研究表明，父母的抚养态度至少在孩子的性格形成这方面几乎不会产生什么影响。在这里，笔者就针对《心理学教会了你什么》（2009 年）一书中没有详细展开的话题作进一步的解释吧。

抚养方式与孩子精神障碍之间的关系

1990—1994 年间，日本健康科学会分会进行了一项大规模调查。这是一项以全国一万名初中生和小学学生为对象的社会学调查，问卷回收率高达 98%，答题者均为孩子。如果问题涉及父母的育儿方式，则由孩子和父母共同回答。

调查结果显示，如果监护人"耐心地倾听孩子的想法"，则孩子的抑郁指数较低；如果监护人没有耐心，则孩子的抑郁指数较高，两者在 0.05 的水平上具备显著性差异。也就是说，如果监护人不耐心倾听孩子的想法，则孩子会比较抑郁；而在耐心倾听的情况下，只有初中女生的自杀倾向指数呈现出有意义的降低。

另外，当监护人"无视孩子的意见"时，小学四到六年级的女生以及初中生的情绪低落情况在 0.05 的水平上具备显著性差异。仅初中生的自杀倾向指数呈现较高数值。由此可见，当监护人无视孩子的意见时，孩子会比较抑郁。

调查的主导者仓上洋行和若松秀俊从该调查结果中得出结论认为，可以通过采取"重视与孩子的对话的抚养方式"改善"中小学生精神障碍"。

然而很可惜，这一研究在某些方面依然存在问题，所以我们不能简单地直接套用这个结论。首先，针对父母和孩子的调查并不是独立完成的，而是通过孩子来了解父母的抚养方式。在这种情况下，父母的抚养方式与孩子的心理状态之间总会存在一定的相关性。其次，问卷中的每道题目都反复采用了 t 检验（t-test）这一古老的方法，用这种方式会遇到检验的多重比较问题，容易得到虚假的显著性差异，所以应该进行统计学修正，采用更保守的统计检验。这样一来，恐怕绝大部分统计学上的显著性差异都会消失吧。

　　另外，相关关系并不代表因果关系，虽然调查结果的确显示了对话增加➡心理不适减少的可能性，但调查者却没有考虑到与其相反的心理不适减少➡对话增加的可能性。到底哪种因果关系更为妥当呢？我们可以采用协方差结构分析（covariance structure analysis）①获得较为明确的结论。

　　这次大规模调查所获得的数据是相当宝贵的，然而过于古老的分析方法损害了其研究价值。

抚养方式与孩子不当行为之间的关系

　　菅原真澄等人针对 386 名母亲、325 名父亲以及 400 名孩子进行了长达 11 年的追踪研究。通过评定量表测定父母的育儿方式（10 岁时），考察温柔与过分干涉这两项因素。孩子的不当行为由母亲填写行为量表进行评价，分别在孩子出生后第 6 个月、第 18 个月、5 岁、8 岁以及 10 岁时进行 5 次测评。

　　调查结果显示，父亲的育儿方式与孩子的行为并没有表现出很大的相关度，但母亲的育儿方式与孩子的行为在各项测评中均表

---

① 一种推定数量间因果关系的统计手法。假设有对话和精神障碍这两个变量，建立一个能从对话的数据中推定精神障碍的数据的模型，我们就可以计算它的权重和拟合优度（goodness-of-fit）。同样，我们也可以建立一个模型，能从精神障碍的数据推定对话的数据，所以也可以计算出它的权重和拟合优度。只要比较两者的拟合优度，就可以知道哪种模型是正确的。详见丰田秀树：共分散构造分析「入門編」—構造方程式モデリング—，朝倉书店 1998 年版。——作者注

现出了统计上显著的相关度。比如，母亲对孩子温柔，则孩子的不当行为较少（这一倾向在孩子 5 岁时为 -0.33、8 岁时为 -0.32、10 岁时为 -0.44）；如果母亲过分干涉孩子，则孩子不当行为较多（这一倾向在孩子 5 岁时为 0.23、8 岁时为 0.14、10 岁时为 0.27）。另外，母亲的学历与孩子的行为也表现一定的关系（-0.20），母亲学历越高，则孩子的不当行为越少。

这项研究获得的数据很宝贵，可惜它仅仅测量了孩子 10 岁时双亲的育儿方式。10 岁时的育儿方式不可能影响到孩子在 5 岁和 8 岁时的行为，所以这项调查的前提是必须保证双亲的育儿方式从孩子出生后 6 个月到 10 岁期间一直保持一致。然而，该研究并没有给出抚养态度一致性的数据。所以，从这项研究中可能得出的结论有很多种：

母亲温柔➡孩子的不当行为较少。 即因为母亲对孩子的态度很温和，所以孩子的不当行为减少。如果能够证明该结论正确，就表明育儿方式是很重要的。

孩子的不当行为较少➡母亲温柔。 即如果孩子的不当行为较少，则母亲能保持冷静并温柔地对待孩子。如果这种情况属实，那么母亲的育儿方式只是一种结果。

共同的遗传要素➡母亲温柔并且孩子的不当行为较少。 即母亲和孩子的性格具备遗传方面的共性，其结果导致母亲的育儿方式是温柔的，同时孩子的不当行为也比较少。倘若如此，则育儿方式的影响力只是一种假象。

母亲高学历➡收入高➡母亲温柔并且孩子的不当行为较少。即母亲学历高的确会导致孩子的不当行为减少这一结果，但这也许是因为高学历的母亲更容易获得高收入，而高收入能令生活富裕，进而使得孩子的不当行为减少。

面对多种假设，我们必须导入协方差结构分析的模型对因果关系的方向性进行验证。但是不管怎么说，育儿方式与孩子不当行为之间的因果关系尚未获得证实。

抚养方式与孩子的冲动控制之间的关系

卡勒曼（Jennifer Ames Karreman）等人的研究在采用客观的观察方法测定父母的抚养方式及孩子对冲动的控制能力方面颇具特色。受试者包括父亲和母亲各 89 名、孩子 86 名。两名观察者通过观看父母与孩子相互交流的录像记录，用评价量表对双亲的抚养方式进行编码，编码的一致程度非常高。同时，实验还采用自陈式的大五人格量表（NEO-FFI）[1] 评测双亲的性格。孩子的冲动控制包括忍住不吃零食等6项课题，该调查对孩子的行为进行录像记录，由5名观察者进行编码，编码的一致程度非常高。

对双亲的抚养方式进行分析后，获得了肯定性控制（通过表扬控制孩子）、否定性控制（通过惩罚控制孩子）以及温柔这三种因素。对于抚养方式与性格之间的关系，该调查发现否定性控制和开放性之间存在母亲为−0.31、父亲为−0.27的相关度。也就是说，开放性较高的双亲较少否定性地斥责孩子。除此之外不存在其他统计显著的相关度。

利用名为分层多元回归分析（hierarchical multiple regression analysis）的方法对要素进行进一步分析发现，当孩子的冲动控制能力低的时候，如果父亲情绪不稳定，则更倾向于进行肯定性控制；如果父亲倾向于外向性，则更多地进行否定性控制。用大白话说就是，情绪不稳定的父亲会经常表扬孩子，而外向的父亲则常斥责孩子。

这项研究表明，父母的育儿方式与孩子的性格形成之间只存在微弱的联系，但父亲的情绪稳定性及外向性这两项性格维度会在父亲与孩子的关系方面发生相互作用。

---

[1] 评测大五性格的问卷，其中包含60个项目。——作者注

抚养方式与孩子自尊[①] 及气质之间的关系

Keltikangas-Jarvinen 等人进行了一次定群研究（cohort study）[②]，通过 17 年的追踪研究，考察了育儿方式与孩子的气质之间的关联性。受试者是在芬兰随机选出的 6 岁、9 岁、12 岁及 15 岁的三群儿童，共计 2887 名。最年轻的断代集团为 6~23 岁、其次的断代集团为 9~26 岁、最年长的断代集团为 12~29 岁以及为 15~32 岁。研究者们分别针对这三个集团进行了追踪调查。最终完成的受试者为 1461 名。

他们通过自陈式的 9 个项目评价量表对母亲的抚养方式进行测评，通过包含 17 个项目的自尊量表对儿童的自尊进行测评，而性格与气质则通过克洛宁格（Robert Cloninger）气质性格量表进行测定，分别在 1980 年、1986 年以及 1997 年进行问卷调查。

在两个年轻的断代集团内，母亲的抚养方式具有更加冷淡的倾向。当母亲的抚养方式冷淡且敌对时，女孩会表现出与年龄无关的自尊低下，而男孩仅在年龄较小时表现出自尊低下，不过这种倾向

---

① 心理学中的自尊（self-esteem）指对于自己的评价是积极的还是消极的，与日常语言中的 "自尊心" 含义有所不同。——译者注

② 纵向研究只追踪一个年龄群体，而定群研究则对多个年龄群体，花费数年进行追踪研究。cohort 这个词指的是古罗马步兵队中的一队，由 300~600 人构成。由此引申出一般意义上的军队和伙伴的意思。——作者注

非常弱（回归系数[①]的数值很小，分别是－0.18 和－0.13）。另外，研究者并没有发现抚养方式与气质性格量表之间存在相关性。

抚养方式与孩子否定性情绪的结果

到这里，笔者已经介绍了近些年来所有最为重要的实证研究结果。与这类调查不同的是，将数十项甚至数百项实证研究的数据进行集中整合的，是被称作元分析的统计学方法。这是一种用受试者人数及分散度的大小等因素，将论文中发表的相关系数的大小进行补正和平均化的方法。

帕鲁森－霍格布姆（Paulussen-Hoogeboom）等人针对育儿与儿童的否定性情绪（愤怒、恐惧、烦躁、争吵、不快）的关系，对共计 7613 对亲子的 62 项研究进行了元分析。

他们将育儿方式分为支持性育儿方式（温柔地守护）、限制性育儿方式（斥责和处罚）、诱导性育儿方式（间接地令孩子认识到做了错事）三类。

有关支持性育儿方式的文献为 55 篇，共包含 5467 对母子关系。支持性育儿方式与孩子的否定性情绪之间的关系的效果量为 0.06，两者在 0.05 的水平上具备显著性差异。25 岁以下的年轻母亲

---

① 回归系数（regression coefficient）：回归分析中度量因变量对自变量的相依程度的指标，它反映了当自变量每变化一个单位时，因变量所期望的变化量。——译者注

为非支持性的，与孩子的否定性情绪之间的关系相当大（0.22）。另外，抽取对社会经济地位低下的 11 项研究并计算得到的效果量为 0.19。可见，如果父母的社会经济地位低下，则抚养方式表现为非支持性的，而且孩子的否定性情绪较高。不过测定方法对数字的影响也很大。

有关限制性育儿方式的文献为 22 篇，共包含 2559 对母子关系，效果量为 0.10，限制性育儿方式与孩子的否定性情绪在 0.01 的水平上具备显著性差异。分析其中的要素，发现产生影响的三大变量为孩子的年龄、出生顺序以及评测方法。由此可见，在孩子的婴儿时期，限制性育儿方式与孩子的否定性情绪相关。

有关诱导性育儿方式的文献为 9 篇，共包含 957 对母子关系，效果量为 0.12，两者在 0.01 的水平上具备显著性差异。所以，当育儿方式为非诱导性时，否定性情绪较高。

从上面这些研究结论中可以看出，育儿方式与孩子的否定性情绪之间的效果量很小。不过如果父母社会经济地位低下，会令孩子陷入否定性的情绪状态，在这种情况下，父母也很少会以鼓励的方式教育孩子。而如果父母的社会经济地位高，则情况相反。效果量并不代表因果关系，只是相关关系的一项指标。如果排除掉社会经济地位以及遗传因素的影响，恐怕父母的抚养方式对孩子的影响力会变得非常小，甚至彻底消失吧？

虽然双亲的抚养方式会在孩子的适应过程中发挥重要的作用，

但其实，抚养方式是孩子的行为所导致的结果，而孩子的行为是遗传性的。也就是说，育儿方式并不会影响孩子的行为，反而是受到孩子行为影响的结果。下文中笔者还将介绍行为遗传学的研究。这项研究表明家庭环境对孩子的影响力通常在 0%~10% 的范围内，只在孩子的自主性和社会性方面中的比重略有增加。

为什么对抚养方式的研究层出不穷?

父母的抚养方式对孩子的影响具有相当大的局限性。

如果父母的抚养方式是极端否定的、虐待的,则会对孩子的自尊和社交性产生一定程度的影响,然而却不会对孩子的脾气或性格造成永久性的影响。那么,为什么人们还是不断地对抚养方式进行研究呢?让我们对至今为止的研究的特征作一个归纳吧。

很少有研究客观且直接地调查父母在抚养期内的抚养方式。几乎所有研究都是针对大学生等人群,让他们填写有关性格的问卷调查以及有关育儿方式的调查问卷,然后研究两者之间的相关性。但是这种方法并不能评测他们父母的抚养方式。这类调查中体现出来的性格和父母抚养方式,代表的都是接受调查的大学生的自我认知,所以两者之间必然会有一定程度的相关性。因此,虽然调查结果表明父母的抚养方式会对性格形成产生影响,但这只是浮于表面的相关性。这类研究不具备价值,因此本书并未讨论。

有些研究同时对父母与孩子进行调查，但其中绝大部分仅仅针对一个时间点，是横向的研究。要假设父母的抚养方式会影响孩子的性格，就应该首先评测父母的抚养方式，等到10年之后再评测孩子成熟之后的性格。纵向研究是必不可少的，但此类研究却偏偏非常少见。

如今，我们也可以采用协方差结构分析的统计学方法来解明通过问卷调查获得的数据中所蕴含的因果关系，然而绝大部分研究却仅仅分析了其中的相关关系。如果想通过问卷调查的方式证明父母的抚养方式会对孩子的性格产生影响，就必须采用协方差结构分析，然而此类研究却也非常少见。

研究者也是人，很容易受先入为主的错误观念所影响。很遗憾，用于证明父母抚养方式的重要性的研究，偏偏都在方法论上存在缺陷。

第7章　探究遗传的影响力

遗传的影响力到底有多大？长久以来，到底是遗传重要还是环境重要的争论从未停歇过，这是十分不幸的一件事。遗传和环境是紧密相连、无法分离的，只有通过数学方法才能将它们分开来。通过数学方法进行的计算表明，智力的个体差异多半是遗传造成的，而性格特征也有一半左右是受到遗传的影响。那么，单个基因的影响力到底又有多大呢？与新奇追求（novelty seeking）及焦虑有关的基因已经获得了确定，但它们的影响力仅为1%~2%，这是因为人的性格特征同时与非常多的基因有关。

遗传还是环境?

发展心理学最大的争议就在于到底是遗传重要还是环境重要这一问题。如果遗传的影响力更大，则教育的效果便被否认了；相反，如果环境的影响才是决定性的因素，则意味着无论什么样的人都能通过适当的教育被培养成人才。

过去心理学家的立场可以分为以下四种：

孤立因素论　遗传因素或环境因素是独立发生作用的。

共同决定论　遗传和环境这两方面是共同发生作用的。

相互作用论　遗传和环境之间存在相互作用。

阈值理论　只有在环境达到一定状态时，遗传才能发挥作用。

然而现在大家已经意识到，"遗传还是环境"这个问题的设定本身就是错误的，这一争论在科学上是没有意义的，19 世纪受到世人广泛瞩目的"自然人"事例的真实性也遭到了质疑。正如前文所述，他们很可能是因为本身具有遗传缺陷才遭到了遗弃。日本那对遭遗弃姐弟的事例使人们重新认识到初期环境对人的重要性，但归根结底，环境与遗传是紧密相连的，无法分离开来的。

专栏：数学分解遗传与环境

现代的行为遗传学认为，过去对遗传和环境影响力的学说基本都属于共同决定论，相互作用论和阈值理论也属于共同决定论。遗传的影响力和环境的影响力原本就是不可分割的，但我们可以利用数学模型将它们分离开来。由于协方差结构分析这一统计学方法的发展，我们甚至还可以构建起非常复杂的模型。

个体差异是一种表现型（phenotype），同时包含了基因与环境的影响力。若表现型的影响力（即得分的方差、离散度，V_p）是可以相加的，则它可以分解成基因方差（V_g）与环境方差（V_e）的和。

$$V_p = V_g + V_e$$

相互累加发生作用的基因称为加性（additive, A）基因。多个基因共同作用，其结果可通过单纯的加法进行说明。

比如，性格和智力并不是由单一基因所决定的，而是与非常多的基因有关。虽然我们并不了解它们相互作用的情况，但我们可以假定这种作用关系是累加性的，从而获得简化的模型。

由单一基因就能决定结果的基因称作显性（dominance，D）基因，例如决定豌豆形状的基因。当然，多组基因相互之间产生影响，也可能导致我们无法简单地预测出结果。因此，基因的影响力可分解为加性基因的方差（V_a）、显性基因的方差（V_d）以及基因的相互作用（V_i）。

另一方面，环境的影响力可分解为共有环境的方差（V_c）与非共有环境的方差（V_u）。比如，兄弟俩的父母、饮食以及家庭环境都是相同的。父母相同，吃的东西也都是相同的吧；家庭环境，比如零花钱的数量也是相同的吧。这就是共有环境。然而，哥哥和弟弟的年纪却不同，他们在学校里分别属于不同的年级，交友关系也不同。这就是非共有环境。

归纳可得如下公式：

$$V_p = (V_a + V_d + V_i) + (V_c + V_u)$$

也就是说，表现型的影响力（方差）首先可分解为基因的影响力以及环境的影响力，还可进一步分解。

分别计算遗传和环境的影响力

双胞胎研究解决了遗传与环境的问题，因此受到广泛的瞩目。双胞胎分为同卵双胞胎和异卵双胞胎，同卵双胞胎的基因是完全相同的，而异卵双胞胎有 50% 左右的基因是相同的。通过比较同卵双胞胎和异卵双胞胎之间的差别，我们就能计算出遗传和环境的影响力。

最简单的 pass 模型（如图 7.1 所示）[①]。

通过共有环境及遗传这两条通路，对同卵双胞胎和异卵双胞胎的

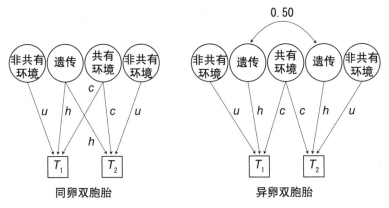

图 7.1 双胞胎研究的 pass 模型

[①] 此模型属于结构方程模型，圆形是潜变量（latent variables），是无法直接观测的，方块是可以观测的指标变量（indicators），各个潜变量决定了观测到的指标变量，而指标变量的水平可以反推潜变量的水平。文字部分所说的"通路"是指不带方向性的相关关系。——译者注

相似性进行解释的单纯 pass 模型，还可进一步引入更为复杂的因素。

圆圈里有共有环境、非共有环境和遗传这三项，均为假设的变量，习惯上一般用圆圈表示。T_1 和 T_2 是用方框表示的，代表双胞胎的性格特征（心理测试得分），在心理测试中能够通过实际的测试获得，所以一般用方框表示。另外，在行为遗传学领域，双胞胎之间的相似性的数值用相关系数来表示。小写字母 c 代表共有环境的通路，u 代表非共有环境的通路，h 代表遗传的通路。

接下来请看连接 T_1 和 T_2 的箭头。当两人是同卵双胞胎时，有一条通路从 T_1 经过 h 到达遗传，然后再经过 h 到达 T_2。另一条通路经过 c 到达共有环境，然后再经过 c 到达 T_2。即 T_1 和 T_2 的关系可用两条通路之和 $h^2 + c^2$ 表示。即同卵双胞胎的相关性为：

$$r_{MZ} = h^2 + c^2$$

在异卵双胞胎的图中，双向箭头上还标了一个 0.50，代表的是异卵双胞胎基因共性，通常假设为 0.50。

接下来让我们看看异卵双胞胎的场合，第一条通路在从 T_1 经过 h 到达遗传之后，还通过 0.50 到达另一方的遗传，然后通过 h 到达 T_2。另一条通路是经过 c 到达共有环境，然后再经过 c 到达 T_2，这一条通路与同卵双胞胎是相同的。T_1 与 T_2 的关系可用两条通路之和 $h \times 0.5 \times h + c^2$ 表示。即异卵双胞胎的相关性为：

$r_{DZ}=0.5h^2+c^2$

r_{MZ} 及 r_{DZ} 的数值可以通过调查获得。如此一来，存在两个变量以及两项方程式，组成了简单的联立方程组。通过代数运算消去 c，我们得到遗传力（基因的影响力，heritability）为：

$h^2=2(r_{MZ}-r_{DZ})$

同时，共有环境的影响力为：

$c^2=r_{MZ}-h^2$

这个模型十分简单，利用中学代数知识就能求解。所以我们只要寻找同卵双胞胎与异卵双胞胎并进行性格检测，然后分别求得相关系数，就能计算出遗传力。此类模型进一步发展，通常会获得多项联立方程式。如果未知数太多，我们就无法利用代数方法求解，而必须采用协方差结构分析的方法求出近似解。另外，我们还可进一步计算出模型的拟合优度，用于验证模型的正确性。

容易被误解的遗传力的含义

遗传力这个词是一个正规的学术用语。本书中为了便于理解，偶尔会用影响力代指遗传力。为了避免读者误解，笔者在这里再次对遗传力的含义作一下说明。

假设外向性特征的遗传力为 50%。这意味着，成为数据采集对象的整个集团的外向性特征的得分的离散度（总方差）之中，由遗传所决定的得分应为 50%。方差代表的是某集团中得分的离散度，而非个体基因的影响力。那么，我们又该如何分析特定个体内部的基因影响力呢？这样的方法其实是不存在的，无法进行分析。

遗传的影响力与环境的影响力只能通过数学手段进行分离。智力研究学者斯皮尔曼曾建立了数学模型。他认为智力包括一般因素和特殊因素，因此他试图寻找与一般因素和特殊因素相对应的实体。而脑科学家所关注的焦点则在于一般因素到底可以定位于大脑的哪个部位。

比如，一般因素位于大脑的哪个部位呢？额叶吗？顶叶吗？涉及音乐的智力位于哪个部位呢？可能位于颞叶，也可能包含了顶叶，甚至可能还包含了额叶的一部分。数学模型容易被人误解为实物模型。其实，数学模型不一定与神经学机能上的定位相一致。

性格与遗传的问题也存在同样的现象。遗传学家的兴趣在于哪个基因决定哪种特定的性格特征。当下大家都热衷于研究特定基因的功能，但这类研究十分困难。原因很简单，性格特质，比如外向性这一特质，并不是单一的基因所决定的，这一特质牵涉到多个基因。所以如果只针对一个基因进行研究，只会得到非常低的相关度。

性格、智力、身体特征的遗传力

布沙尔（T. J. Bouchard）和洛林（J. C. Loehlin）对过去的研究进行了回顾和归纳，计算出了大五性格的遗传力。表 7.1 是对他们的计算进行若干补充及修正后的结果。其中，洛林在 1992 年收集了双胞胎研究、养子研究以及家族研究的现有数据，采用协方差结构分析套用多种模型进行解析。数据包括数百人，他们进行了大量分析和归纳，计算得出，遗传的影响力为 38%~49%，共有环境的影响力为 0%~11% 左右。

正如表 7.1 所示，大五性格特质的遗传力大多在 50% 左右。同时，共有环境的影响力在沃勒的研究中为 12%；在李曼及洛林等人的研究中几乎为零，基本可以忽略。

养子研究和家族研究所获得的遗传力一般都比较小。收养了养子的家庭通常较为富裕，不太可能陷入贫困；家族研究的研究对象通常也均为富裕家庭。因为样本存在偏向，所以获得的相关系数整体偏小，这是因为相关系数受到了样本性质的影响。

2007 年，洛林等人在得克萨斯州对 324 名养子、142

名亲生子以及 266 名家长进行了养子研究。因为问卷只有一页，所以可信度比较低。但在所有问题中共有环境的影响力几乎都为零。这表明家庭环境对性格几乎不具备任何影响力。

表7.1 各研究所得的大五人格遗传力

	洛林回顾（1992）	科斯塔（Costa）等（1992年，美国）	詹达（Janda）等（1996年，加拿大）	沃勒（Waller）（1999年，美国）	洛林（Loehlin）等（1998，美国）	李曼（Lehman）等（1997年，德国）
外向性	0.49	0.50	0.53	0.49	0.57	0.56
亲和性	0.35	0.48	0.41	0.33	0.51	0.42
尽责性	0.38	0.49	0.44	0.48	0.52	0.53
情绪稳定性	0.41	0.49	0.41	0.42	0.58	0.52
开放性	0.45	0.48	0.61	0.58	0.56	0.53
同卵双胞胎	–	660	123	313	490	660
异卵双胞胎	–	380	127	91	317	304

智力遗传力会随着年龄的增长而增加

托马斯·布沙尔（Thomas Bouchard）对遗传的影响力作了一个整体概括（表 7.2）。

遗传影响力最大的是智力，儿童期时智力的遗传力虽然较小，但成年后，遗传力会变大，成年人可达到 80% 左右。表中性格的遗传力大约为 50%，兴趣爱好的遗传力为 30%~40%。精神疾病之中，精神分裂症的遗传力特别大，高达 80%；酒精依赖症也高达 50%~60%。在社会态度方面，保守主义和右翼权威主义（Right-wing Authoritarianism）的遗传力也很高，达到 50%~60%。

表7.2 布沙尔获得的个体差别的遗传力

特质	遗传力
性格（成年人）	
外向性	0.54
亲和性	0.42
尽责性	0.49
情绪稳定性	0.48
开放性	0.57
职业兴趣	
现实型	0.36
研究型	0.36
艺术型	0.39
社会型	0.37
企业型	0.31
传统型	0.38
精神疾病	
精神分裂症	0.80
重性抑郁症	0.37
惊恐障碍	0.30~0.40
泛化性焦虑症	0.30
恐惧症	0.20~0.40
酒精依赖症	0.50~0.60
反社会行为（儿童）	0.46
反社会行为（青年）	0.43
反社会行为（成人）	0.41

续 表

特质	遗传力
社会态度	
保守主义（20岁以下）	0.0
保守主义（20岁以上）	0.45~0.65
右翼权威主义（成年人）	0.50~0.65
宗教信仰程度（16岁）	0.11~0.22
宗教信仰程度（成年人）	0.30~0.45

萨丁岛的大规模问卷调查

在意大利的萨丁岛，研究者曾进行过一项大规模问卷调查。受试者群体包括年龄范围在14~102岁的共6148人，其中包括约5000对兄弟姐妹组合。撒丁岛是一个比较孤立的场所，受试者集团占人口总数的62%左右。调查项目包括与心血管指标和性格特质有关的98个问题，并分别分析它们的遗传力。所有项目的遗传力之高令人无法忽视。与血液检查相关的38项指标中，遗传力为40%；人类学方面的5项指标中，遗传力为51%；心血管方面的20项指标的遗传力为25%；性格特质的35项指标的遗传力为19%。研究者皮拉（Pilla）等人认为，基因包括狭义遗传力和广义遗传力[1]，笔者筛选其中的部分数据，如表7.3所示。

---

[1] 狭义遗传力：加性基因方差（Va）占表现型方差（Vp）的比例。广义遗传力：基因方差（Vg）占表现型方差（Vp）的比例。——译者注

表7.3 撒丁岛调查中身体、性格特质的遗传力

指标	遗传力	
	狭义	广义
身高	0.768	1.000
体重	0.440	0.811
腰围	0.312	0.654
最高血压	0.156	0.651
心跳	0.233	0.414
胆固醇	0.373	0.641
外向性	0.217	0.389
亲和性	0.216	0.296
尽责性	0.157	0.374
情绪稳定性	0.208	0.441
开放性	0.285	0.531

通过构造模型可以得出，模型的遗传力略高于狭义遗传力。皮拉等人认为，真实的遗传力介于狭义和广义遗传力之间。

与双胞胎研究或布沙尔的结论相比，我们会发现这次调查得到的遗传力相对较低。这可能是因为当时除了在撒丁岛进行调查分析之外，还通过家族研究对遗传力进行了计算。性格特质的遗传力如果往小里算大概为 20%，若往大里算则有 50%，总之，已经达到了令人无法忽视的程度。

再论智力的遗传力

普洛闵（Robert Plomin）等人对以往的研究进行了总结。以往进行过的数十次研究中包括母子 8000 名、兄弟姐妹 25000 名、双胞胎 1 万对、数百名养子家族。

所有的研究结果均表明，基因会对人的一般智力产生相当大的影响。遗传的影响力分散在 40%~80% 这一区间内，不过根据数据推算，基本占到一般因素方差的 50% 左右。另外，如果根据年龄对研究进行分割，则可以得到与布沙尔相同的结论，即遗传的影响力在幼儿期为 20% 左右，儿童期为 40% 左右，成年期为 60% 左右，可以被认为随年龄呈正比增长。

在利用协方差结构分析对共有环境、非共有环境以及遗传的影响力进行解析时，所得的数值会随着套用模型的不同而不同。比如，如果导入子宫内环境这一变量，则遗传的影响力会骤然缩小。脱离模型单纯考虑数值上的微小差异是没有意义的。普洛闵等人获得的数值是狭义范围内的遗传影响力。

普洛闵等人的总结基本是正确的，然而笔者必须再一次强调，遗传的影响力代表的是集团之中得分的方差，该数值是依赖于模型而存在的，与特定个体内部的基因强度无关。另外，普洛闵认为，一般智力是由特定的 DNA 所规定的，但该论点并不是通过数据分析与归纳得到的。

专栏：分子心理学真的成立吗？

基因的研究日渐盛行，最近还出现了"性格的分子心理学"理论。在这个专栏中，我将对基因产物使用普通字体，对基因编码使用斜体；对人类基因则全部使用大写。另外，非人类的基因则采用大小写混用的方式表征。让我们看看当下最热门的那些基因吧！

DRD4 与新奇追求

DRD4 是产生多巴胺 D4 受体这一蛋白质的基因，含有比较长的 DNA 序列，其长度因人而异。全世界范围内已经确认了 120/240 的遗传多态性（genetic polymorphism）。Exon3 的碱基配对被重复 2~10 次，其长度似乎与开放性、药物依赖、性行为以及注意力缺陷多动障碍（ADHD）有关。

1996 年，艾普斯坦（Robert Epstein）等人研究了 DRD4 与新奇追求之间的关系。采用克罗宁杰的性格量表来测定新奇追求。针对 124 名（69 名男性，55 名女性，平均年龄 29.8 岁）受试者，调查新奇追求的得分与 Exon3 的重复次数之间的关系。结果表明，与其他人相比，重复次数为 7 的人具有更高的新奇追求。

　　之后，支持 DRD4 与新奇追求之间相关性的研究不断涌现。1997 年，艾普斯坦等人获得了相同的结果；同年，小野等人调查了 153 名日本女性（平均年龄 18.7 岁），采用克罗宁杰的性格量表，揭示出新奇追求与 Exon3 的长等位基因（allele）之间具备相关性。大部分调查的结果都是支持该结论的，目前已在高加索青少年、日本人、芬兰人、以色列人、德国人中得到了确认。不过，同时也出现了否定 DRD4 与新奇追求之间存在相关性的研究。1996 年出现了 1 项，1997 年则出现了 3 项，1998 年出现了 4 项，1999 年出现了 2 项。

　　吕舍尔（J. M. Lusher）等人认为，某几个调节变量（moderator variable）是导致矛盾结果产生的原因，其中一个是年龄。在支持 DRD4 与新奇追求之间存在相关性的研究之中，受试者的年龄均在 12~35 岁之间，而在否定其相关性的研究之中，受试者的年龄在 18~62 岁之间。另一个原因存在于所选择的性格量表之中，支持存在相关性的研究大多采用克罗宁杰性格量表来测定新奇追求。第三个原因是性别，在支持存在相关性的研究之中，受试者通常超过 100 名，且同时包含男女两性。

　　辛卡（John A. Schinka）等人在 2002 年对 22 项研究进行了元分

析，计算了效果量。然而所获得的效果量很小，在重复 7 次的等位基因与新奇追求之间并没有发现相关性。

2008 年，芒那佛（Marcus Munafo）等人以 36 项研究为对象，进行了元分析，但并未发现显著性差异。然而，当他以 11 项研究为对象时，发现了显著性差异，程度为方差的 2%。他针对大五因素性格量表（NEO-FFI）或艾森克个性量表（EPQ）所进行的 31 项研究进行元分析，结果同样未发现存在显著性差异。但在采用经过改良的元分析手段后发现，DRD4 的 C-521T 的等位基因与新奇追求及冲动性之间存在统计显著的相关性，而与外向性之间的相关性不具备显著性差异。

在针对 DRD4 与药物成瘾的相关性的研究之中，研究者们也得到了许多相互矛盾的结果。这其中的原因很多，比如对药物成瘾的诊断欠妥当，受试者仅仅局限于药物依赖患者等。

DRD2、DRD3、TH 与性格特质

DRD2 与 DRD3 是产生多巴胺 D2 及 D3 受体蛋白质的基因。TH 是产生作为氧化反应催化剂的催化酶的基因。日比野等人认为，这些基因与性格特质之间存在一定的关系。他们用"五大性格因素量表"（NEO PI-R）对 257 名日本人进行了性格测试，并用"状态—特质焦虑问卷"（STAI）评定了他们的焦虑状态，调查与遗传

多态性之间的相关性。单纯的问卷结果统计显著的相关，但在调整了评定的多态性之后，相关性就消失了。该结果否定了 DRD2、DRD3、TH 与性格特质之间存在相关性。

5-HTT 与焦虑

与血清素（serotonin，5- 羟色胺，5-TH）表达有关的基因与性格之间是否存在相关性呢？作为临床证据，2003 年时卡斯皮（Caspi）等人指出，拥有 5-HTT 的短等位基因的人，具有抑郁症状，被确诊为抑郁症以及自杀的概率是其他人的两倍，类似的报告还有很多，认为 5-HTT 基因较短的人具有抗压能力较弱的倾向。2006 年坎利（Canli）等人的研究表明，这个基因与环境之间存在相互作用，短基因对照组的人面对任何压力都会进行反刍思维（rumination），而具有长等位基因的对照组则在压力上升时，反刍思维的频率会降低。

2004 年辛卡等人以 26 篇研究 5-HTT 遗传多态性与焦虑之间关系的论文以及 7657 名受试者的数据为基础，进行了元分析。很遗憾，他们并没有获得能证明 5-HTT 短基因的人更易焦虑的明确证据。将焦虑作为因变量进行评定的心理问卷的效果量为 0.26，属于无法忽略的程度。如果按不同的心理测试来看，则有研究表明，与用于评定大五人格的 NEO-PI-R 量表的神经质维度之间的相关度的效果量为 0.3 左右。所以 5–HTT 与焦虑之间的相关性虽然很小，但的确是有联系的。

遗传多态性与性格特质

DRD4 与新奇追求之间的关系可以算是勉强获得了承认，但它的影响力仅仅停留在 2% 以下，相关性非常弱。5–HTT 与焦虑之间的关系也可以算是勉强获得了承认，但影响力也相当小。性格特质通常是多组基因综合作用的结果，而有人居然能发现单一基因的遗传多态性的效果，这已经足够令人惊讶了。不过由于影响力非常小，所以实验的可重复性值得怀疑。而且，还有许多隐藏的调节变量潜伏于其中。我们必须从方法论的角度进行突破，同时提取多组基因进行分析。媒体上常会出现"科学家发现了与某某有关的基因"之类的报道，但实际上，基因的影响力是非常小的（通常小于 1%），媒体的报道并没有考虑到实验的可重复性。分子心理学到底成不成立？恐怕还需要经过很长一段时间，我们才能有一个定论。

性格的影响力

第8章　自尊与性格

最近，自尊的问题广受瞩目。1986年，加利福尼亚州的工作组在收集问卷是发现，通过提高居民的自尊，每年可节约24.5万美元。也就是说，人的自尊越高，就越不容易发生犯罪、避免未成年妊娠、药物（毒品）滥用、学习困难、环境污染等问题。

那么事实究竟是不是这样呢？也有文章指出，黑社会成员的自尊就很高；而在英国，据说由于教育过分强调自尊，导致了利己主义和自恋现象的蔓延。

自尊的评测方法

我们该如何评测自尊呢?

在这里,我来介绍一下1965年的罗森伯格自尊量表(self-esteem scale,SES)。针对各项问题,如果强烈同意则选A,勉强同意选B,不同意选C,强烈反对选D。

总的来说,我对自己是满意的。

我确实时常感到无济于事。(逆)

我感到我有许多好的品质。

我能像大多数人一样把事情做好。

我感到自己值得自豪的地方不多。(逆)

我时常认为自己一无是处。(逆)

我感到自己是有价值的,至少与别人在同一水平上。

我希望我能为自己赢得更多尊重。(逆)

归根结底,我倾向于觉得自己是一个失败者。(逆)

我对自己持肯定的态度。

对普通的项目，A得3分，B得2分，C得1分，D得0分；对标记为（逆）的逆转项目，则A得0分，B得1分，C得2分，D得3分。计算得到的总分即为自尊得分。得分范围在0~30分之间。正常范围为15~25分；14分以下为自尊偏低；26分以上为自尊偏高（不过这种划分方式依据的是美国的数据，只能作为参考）。

自尊量表测的究竟是什么？

自尊量表是单纯的自我评价量表，很容易弄虚作假，也很容易受到社会期许（social desirability）及虚假客套的影响。得分较高的人之中，难免混有自我防卫心强、自尊过高甚至脱离现实的人。

1993 年，哈特（S. Harter）对有关自尊和自我魅力度的多项研究进行了总结，指出这二者之间具有很高的相关度（0.85）。这意味着，自尊高的人往往认为自己非常具有魅力。然而 1995 年，迪耶内（E. Diener）等人又发现，虽然自尊与基于自我评价的魅力度之间的相关度很高（0.59），然而其他人根据受试者的照片所评价的魅力度与受试者的自尊之间的相关度就很低了（0.06）。另外，1994 年加布里尔（Gabriel）等人发现，虽然自尊与基于自我评价的智力之间存在微弱的相关度（0.35），但一旦使用客观智力测试，两者之间就不存在关系了（−0.07）。

　　所以，自尊和基于自我评价的魅力度之间具有很高的相关性，但与客观的魅力度之间不存在关系。自尊与表现出自己最好一面这种社会期许倾向具有很多共同点，所以自尊量表评测得到的很有可能只是脱离现实的自我吹捧倾向。

自尊和成绩、人际关系等

自尊高的人学习成绩都很好吗？

1982 年，汉斯福特（Hansford）等人对 128 项研究进行了元分析，发现自尊与学习成绩之间的相关度范围在 — 0.77~0.96 之间，平均为 0.21~0.26。1999 年，戴维斯（Davis）等人测定了 3000 名学生的自尊和学习成绩，获得两者的相关度为 0.12。这意味着，二者之间确实具有较弱的相关度。然而这两者之间的因果关系是怎样的呢？是较高的自尊导致了较好的学习成绩，还是较好的学习成绩带来了较高的自尊呢？

要考察这个因果关系，必须进行纵向研究追踪调查。1986 年，波特鲍姆（Pottebaum）等人针对 23000 名具有代表性的高中生样本，在 10 年级和 12 年级的时候分别测定他们的自尊（自我概念）和学习成绩。10 年级时的学习成绩与 12 年级时的学习成绩之间的相关度非常高（0.86），证明这是一个稳定的指标。而自尊则是不稳定的，10 年级时与 12 年级时的相关度很小（0.39）。10 年级时的自尊与 12 年级时的学习能力之间具有非常弱的相关度（0.11），而 10 年级时的学习能力与 12 年级时的自尊之间同样具有非常弱的相关度（0.12）。这显示，自尊与学习成绩之间没有明确的关系。

1989 年，罗森伯格等人分析了大量的平行数据（panel data）[1]，考察了 1886 名高中生的自尊与基于自我报告的学习成绩之间的关系，发现在他们 10 年级和 12 年级的时候分别具有较弱的相关度（0.24 和 0.25）。然而，在按照时间轴对两者因果关系的方向进行判断时发现，从学习成绩到自尊的相关度为 0.15，而从自尊到学的相关度为 0.08。也就是说，这一研究结果并不支持自尊对学习能力产生影响的观点。

1999 年，福赛思（Forsyth）等人以导师的名义向在前一次考试中取得 C、D、F 成绩的大学生发送电子邮件，进行了一次随机化比较实验研究。该实验分为两组，对照组采取标准条件，即邮件里只有让学生自己复习一周的题目；而实验组的邮件里不仅包括了这些，还增加了有关自我管理和激励，或是鼓舞自尊的内容。实验结果表明，含有鼓舞自尊内容的实验组考试成绩更差。所以，人们最终没有获得能证明拼命提高自尊就可以提高学习成绩的证据，相反，自尊的提高甚至可能导致成绩下降。

---

[1] 对同一个对象进行持续的观察和记录所获得的数据，有很多是作为数据库公开的。当时研究者们使用的是名为"变化的年轻人"这一平行数据。——作者注

工作能力

2001 年，贾奇（Judge）等人对 40 项研究进行了总结，其中总受试者人数超过 5000 名。总结发现，自尊与工作绩效之间存在较弱的正相关。这意味着，自尊高的人工作能力较强。不过，这种倾向在不同研究中的表现并不相同，甚至比学习成绩的实验更缺乏一致性。而且自尊与工作质量之间的相关性还遭到了否定。所以，自尊与工作绩效之间的相关性很可能是由于自我评价等的偏倚而产生的，我们无法断定自尊是否能够提高工作绩效。

人际关系

大家都认为，自尊高的人肯定更擅长人际交往，事实真的如此吗？

1988 年，布尔梅斯特（Buhrmester）等人针对人际关系的五大领域，收集了 69 对受试者的自我评价和室友的相互评价，计算了自尊与人际关系之间的相关度。首先，自我评价的人际关系与自尊之间的相关度为：解决人际纠纷的能力是 0.20，为他人提供情绪支援是 0.30，公开自己的情况是 0.41，对他人提出反对意见是 0.40，建立新人际关系的能力是 0.61。全都达到显著性差异，并且达到了中等的相关度。然而，自尊与室友评价的人际关系之间的相关度却非常小，唯一达到显著性差异的一项是建立新人际关系的能力，而且仅为 0.38。也就是说，自尊高的人夸大了自己的人际交往能力。唯一能够客观证明的只有：自尊高的人更容易结交新朋友。结果如图 8.1 所示。

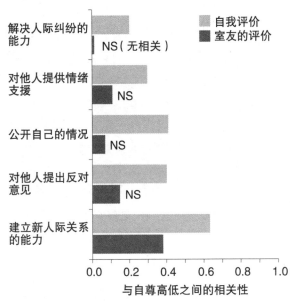

图8.1　自尊与人际关系能力之间的相关性

儿童欺负行为

针对儿童的欺负行为，萨尔米瓦利（Salmivalli）等人在 1999 年对芬兰的 300 多名少年（14~15 岁）进行了关于自尊、性格和行为的调查。自尊采取自我评价和同学互评两种方式，性格及欺负行为则采取同学互评的方式。调查显示，基于自评的自尊与基于互评的欺负倾向之间并不具备相关性。然而，防卫心强、自尊高的少年在互评中往往会被认为具有欺负他人的倾向。另一方面，在互评中被认为自尊较高的少年，倾向于保护遭到欺负的少年。也就是说，自尊高与欺负倾向和反抗欺负倾向这两方面具有混乱的相关性，而自尊低的少年具有遭受欺负的倾向。

违法行为

1997 年，斯坦纳（Steiner）等人针对超过 12 万名高中生，测定了自尊与基于自我报告的违法行为（破坏公物、暴力行为、盗窃）之间的相关性，相关度为：男性－0.22、女性－0.26。这一结果印证了一般大众的观点，即自尊越高，不良行为越少。然而，一旦对家庭的约束、与学校的关系、受欺负的经历、主观幸福感等影响要素进行整合，自尊对不良行为的影响力就下跌到了统计学上不显著的程度。

2002 年，泽斯尼维斯基（Trzesniewski）等人针对 292 名中学生，测定了自尊（自我评价与班主任老师的评价）与基于自我报告的违法行为之间的相关性，三个问卷的得分和违法行为的相关度都是负的。

对双亲的支持及学习成绩的因素进行整合，并采取协方差结构分析这一统计学方法进行处理后，获得的自尊与违法行为之间的相关度依然有 -0.28。

1989 年，罗森伯格等人进行的大规模的数据分析表明，自尊与违法行为之间的相关度在孩子 10 年级时为 -0.09，11 年级时为 -0.07，即两者之间基本不相关。因为数据都来源于自我报告，所以肯定存在偏误。但观察一年中的所有数据，我们依然能发现，自尊越低，违法行为越倾向于增加（ -0.19 ），而自尊较高时，同样存在不良行为增加的倾向（ -0.08，显著性差异）。这或许是因为社会经济地位（收入）这个隐藏变量的缘故。

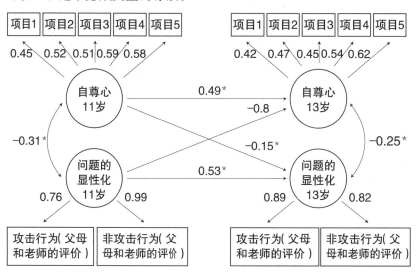

图8.2 孩子11岁与13岁时自尊与不良行为显性化的模型（*的显著性水平为5%）

　　2005 年，多那南（Donnellan）等人针对攻击性、反社会行为、不良行为等行为的显性化与自尊的问题进行了协方差结构分析并将其模型化，在一定程度上解决了这些问题。这其中包括三次大规模的研究，这里介绍第二次研究。这次研究为纵向研究，830 名受试者在 11 岁和 13 岁时分别接受了自尊和攻击行为的测定。自尊包括 6 个项目的自我评价，而攻击行为及非攻击行为则以检查表（check list）的形式，由家长和班主任老师来评价。协方差结构分析的结果如图 8.2 所示。圆圈内的是假设的潜在变量，代表自尊和行为的显性化。方框内的是能够被测出的显性变量。箭头是通路，并表示了权重。

　　比如针对 11 岁时的自尊，对自尊评定的 5 个项目分别产生了 0.45，0.52，…的影响。换句话说，自尊这一假说构成概念乘以 0.45，就是项目 1 的得分；乘以 0.52 就是项目 2 的得分。同时，自尊与问题的显性化之间存在 −0.31 的相关度，所以自尊越高，问题的显性化程度越低。并且，问题的显性化在攻击行为中占据 0.76 的权重，在非攻击行为中占据 0.99 的权重。换言之，问题的显性化这一假说构成概念乘以 0.76，就是攻击行为的得分。

　　根据该模型，如果孩子的自尊较低，则问题的显性化程度重，在攻击行为与非攻击行为两方面均有所增加。11 岁时的自尊对 13 岁时的自尊心占据 0.49 的权重，11 岁时的问题显性化对 13 岁时的问题显性化占据 0.53 的权重。多那南等人的分析很好地解释了这样一个矛盾的现象，即基于自尊的预测缺乏一贯性，少年犯的自尊要么很高，要么很低。

不当行为

比起自尊，不当行为与自恋倾向[①]之间的关系更为密切。比如，2008 年哈（C. Ha）等人针对约 3000 名父母和 11 岁的孩子，调查了不当行为（本人、父母、老师的报告）与自尊及自恋倾向之间的关系。根据分层多元回归，通过自恋倾向预测老师报告的不当行为的回归系数为 0.17，预测父母报告的问题行为的回归系数为 0.28。然而，通过自尊预测本人报告的问题行为的回归系数仅为 -0.13，而且不存在其他显著的关系。这可能是因为罗森伯格的自尊量表很容易受到自我评价偏误的影响吧。

自尊和抑郁、性、精神障碍等

有观点认为，人的自尊越高，能承受的压力和精神创伤也越大，但研究结果却出现了矛盾。不一致之处在于，自尊较低时，无论人是否承受了压力，都很容易陷入抑郁。而自尊较高的人在一切

---

① 一般指的是只爱自己的自恋倾向，这种倾向非常极端时，便会发展为自恋人格障碍（narcissistic personality disorder）。根据弗洛伊德和科胡特的理论，已经制作了很多自恋评测量表。——作者注

顺利时幸福感很高，但当压力增加时，不幸感也很高。所以只考虑自尊的高低无法解释抑郁的症状。

吸烟、饮酒、药物依赖

2000 年，马吉（McGee）等人发表了在新西兰进行的时间跨度相当长的纵向研究结果。该研究对 1000 名以上的受试者进行了从 5 岁到 21 岁的追踪调查。结果发现，11 岁到 13 岁之间的自尊与他们 15 岁时发生抽烟、饮酒、药物依赖等情况无关。

性行为

自尊越高，就越能克制性行为吗？研究结果显示出了相反的可能性。例如在 1997 年史密斯（Smith）等人提出，自尊较高的女性遭到解雇、意外怀孕的倾向更高。

2000 年马吉等人在新西兰进行的纵向研究表明，人在 12 岁时的自尊与 15 岁时的性行为无关，但多元统计（multivariate statistics）发现，男性的自尊与性行为无关，但自尊较高的女性在 15 岁时初次发生性行为的倾向较高。

进食障碍

有观点认为，人的自尊较低，就更容易罹患厌食症或贪食症等进食障碍。

2001年，弗朗斯（French）等人调查了47000名少年及48000名少女在6年级与12年级时的自我形象和进食行为。具有目的意识、自尊较高的少女，厌食症和贪食症的罹患率仅为其他少女的一半。具有目的意识的少年的患病率同样仅为一半，而自尊较高的少年则是自尊较低的少年的76%。

2002年，沃斯（Kathleen Vohs）等人针对200多名受试者进行了前瞻性定群研究（prospective cohort study）。研究者采用问卷对自尊、完美主义、进食障碍进行评测，9个月后再次进行评测。在第一次调查中，自尊与进食障碍呈现−0.52的相关度，而在第二次呈现了−0.36的相关度，但与进食障碍的症状变化并没有关系。只有自尊较低的女性、完美主义者或觉得自己体重过重的情绪会导致进食障碍发生变化。

2004年，萧（Shaw）等人同样针对496名受试者进行了时间跨度超过一年的更为详细的前瞻性研究，但这次他们获得的结论并不支持沃斯等人的模型。自尊与进食障碍在第一次呈现−0.13的相关度，在第二次呈现−0.10的相关度；完美主义与进食障碍在第一次呈现0.12的相关度，在第二次呈现0.03的相关度，不过无法预测进食障碍的症状变化。同时，与身体有关的不满足感与进食障碍在第一次呈现 0.36 的相关度，在第二次呈现 0.30 的相关度；与进食障碍的症状变化之间的相关度为 0.17，所以这次获得的相关度达到了显著性差异。

很多研究都表明，自尊较低的人更容易发生进食障碍。然而我们很难推论出，自尊就是导致进食障碍的原因。相反，将进食障碍当作令自尊降低的原因会显得更为自然。

自尊与大五性格特质

调查自尊与性格之间关系的研究很少。2001 年，罗宾（Robins）等人整理了过去进行的 9 项研究，以受试者人数进行加权，并计算出了相关系数。

结果表明，自尊与外向性之间的相关度为 0.40，与亲和性之间为 0.11，与尽责性之间为 0.37，与情绪稳定性之间为 0.61，与开放性之间为 0.16。也就是说，自尊与大五性格特质之间具备紧密的相关性。

随后，他对 326641 名受试者进行网络调查，收集了自尊、性格特质、社会期许的数据，受试者的年龄范围在 9~90 岁之间。五因子与自尊之间的相关度分别为：外向性 0.38，亲和性 0.13，尽责性 0.24，情绪稳定性 0.50，开放性 0.17。大五人格的得分方差与自尊之间具有 34% 的共性。采用分层多元回归计算大五人格预测自尊的回归系数，情绪稳定性为 0.41，外向性为 0.26，效应相当大，而尽责性（0.13）和开放性（0.08）两项的回归系数比较小。因此我们可以推测出，情绪稳定且外向的人通常具有较高的自尊。另外，性别、年龄、国际、民族性、社会阶层的区别对自尊的影响非常小，仅在 1% 以下。

　　自尊与性格的共性非常大。因此，"培养自尊的教育"基本等同于"培养外向且情绪稳定的孩子的教育"。不过前面我们已经知道，性格特质的遗传影响力高达 50% 左右，所以这种教育的成功概率必然很小。

自尊会带来什么？

　　说到一个人的性格时，恐怕没有词比"自尊"听起来更美妙了吧。说到一个人自尊高，会马上让别人觉得他学习能力出众，人际关系良好，既不容易犯罪也不容易得抑郁症，不会做出违法行为。然而事实上，这些印象绝大部分都是自我评价导致的偏误。由于测定尺度不完善，自尊与外向性及情绪稳定性等性格特质的共性很多，还包含着自我膨胀和社会期许倾向等。

　　如果采用朋友互评和学习能力测验等客观指标来代替自我报告，我们就会发现，自尊再高也不一定会拥有出众的学习能力，人际关系也不一定良好。自尊充其量只具有抑制行为显性化的倾向，因此能间接地对欺负行为或不良行为产生些影响罢了。

　　如果实施人为提高自尊的教育，会产生怎样的效果呢？

　　自尊与外向性和情绪稳定性有关，而这部分性格特质的遗传影响力十分巨大，所以不管怎么教育，应该也不会让人发生多大的变化吧。会发生变化的，充其量是与自尊有关的自我膨胀、虚假客套倾向或自恋倾向的程度罢了。

很多人以为只要提高人的自尊，就能降低犯罪率和未成年妊娠比例，避免药物滥用、学习成绩提不高、环境污染等问题，但这只是一厢情愿的期待。目前的实证研究还没有提供能证实这些期待的依据。

第9章　幸福感从哪里来？

主观幸福感包含了生活质量、生活满意度、喜悦、优越感等，是一个十分广泛的概念。在不同的研究中，研究者测定的内容各有不同，在本书中，以主观幸福感一词来代表①。

主观幸福感是怎么产生的呢？长期以来，人们一直认为主观幸福感会受到客观的外界因素的限制，这一观点根深蒂固。但在经济学和心理学这两个领域中进行的很多研究均显示，这些外界因素的影响力出乎意料得小。最近有研究表明，性格和遗传因素等内在因素对主观幸福感反而具有相当大的影响力。

1999年迪耶内等人对最近30年的所有关于主观幸福感的研究进行了一次总结。在这一章里，笔者将在补充新的研究成果的基础上，对以往的研究要点作一个引用。

---

① 作为术语，可以写作 subjective well-being, happiness, quality of life 等词。其评测方法为七个阶段的评测量表，分别有一个到数十个问题。——作者注

探索主观幸福感的指标

人们都相信，健康的人是最幸福的。然而，基于医生客观评价的健康度与幸福感之间的相关性非常小，几乎达不到显著性差异。1993 年，布里夫（Brief）等人的纵向研究表明，表示健康度的指标与幸福感之间不存在任何关系，与幸福感有关的是受试者的主观健康观，而健康观又是受到性格影响的。不过，脊椎损伤等重度身体残障的人往往缺乏幸福感。

有钱就幸福？

大家或许会觉得有钱人一定很幸福。根据 1984 年赫林（Hurling）等人的研究，收入与主观幸福感之间存在微弱的相关度（0.17）。1993 年，迪耶内在美国收集了具有代表性的样本，得出收入与主观幸福感之间的相关度为 0.12。然而，1994 年克拉克（Clark）等人在英国进行了相同的调查，却没有发现两者之间存在相关性。总之我们可以推断出，收入对幸福感的效果非常小。

那么，从国家层面来看，收入与幸福感之间的关系又是如何呢？1997年，迪耶内和苏（Suh）整理了1946—1990年间美国、日本、法国的社会学调查结果。1946—1990年间，日本的幸福感（满意度）完全没有改变，法国也是如此。美国、英国、日本的调查结果如图9.1所示。美国的曲线基于迪耶内等人1999年之后的论文，英国的曲线源自赫利韦尔（J. F. Helliwell）等人2004年的论文；日本的曲线源自迪耶内等人2002年的论文。

纵轴是收入指数，以1970年为100进行折算。美国的数据为税后可支配收入，英国和日本的数据为人均GDP，所有值均已扣除了通货膨胀的影响。

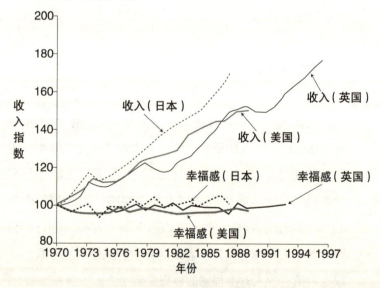

图9.1　各国的收入与主观幸福感的关系

结婚就幸福？

根据格言"婚姻是人生的坟墓"进行推测，所有已婚者都是不幸的。然而大规模调查的结果显示，已婚者明显比离婚者和独身者更幸福，而且幸福感更稳定。当然，拥有固定伴侣的独身者同样幸福。去除年龄和收入的影响，婚姻状态与幸福感之间仍存在 0.14 的相关度，具有显著性差异。男性与女性之间存在一些差异，已婚女性比未婚女性更幸福。李（Lee）在 1991 年整理了长期以来大量针对已婚者和未婚者的幸福感的数据，其结果如图 9.2 所示。比起工作、健康等，婚姻状况对幸福感的影响更大。当然，到底是因为幸福所以结婚，还是因为结了婚所以幸福，二者的因果关系尚不明确。但不可否认，婚姻状况的确左右了幸福感。

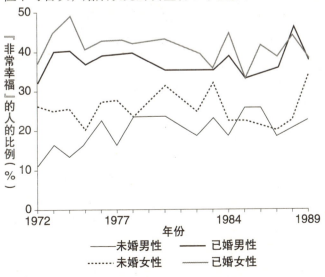

图9.2　已婚者和未婚者的主观幸福感对比

无论男女，婚姻与幸福感之间都存在相关性。不过，或许只有原本就幸福的人才会结婚吧。

当然，结了婚也不一定能一直幸福下去。2005 年，弗瑞（B. S. Frey）等人在德国通过 1984—2000 年间约 2000 名受试者的数据，整理出了结婚前后的幸福感，如图 9.3 所示。从图中可见，结婚当年的幸福感是最高的，之后持续降低，大约在 6 年后回落到结婚前的水平。这样看来，已婚者的幸福感之所以高，或许是因为原本就觉得很幸福的人才会结婚吧？

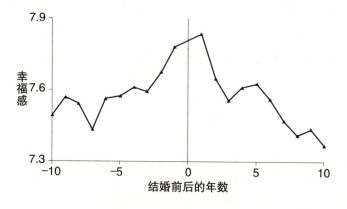

图9.3　结婚前后的幸福感比较

幸福感在结婚后迎来最高峰，之后持续降低。

金钱还是爱情？

到底是金钱更重要，还是爱情更重要？迪耶内等人在 2000 年针对 41 个国家的 7000 余名大学生进行了调查，结果发现，人越重视金钱，主观幸福感就越低；越重视爱情，主观幸福感就越高（图 9.4）。

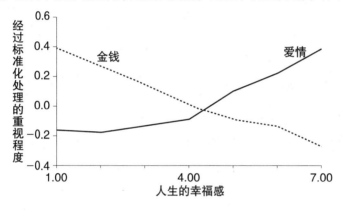

图9.4 金钱与爱情之间的关系

重视金钱的人满足感较低，重视爱情的人满足感较高。

在收入较高的情况下，重视金钱的人与重视爱情的人，主观幸福感并没有太大的差异。在收入较低的情况下，两者的主观幸福感都比较低，但重视爱情的人幸福感下降较小。也就是说，中等以上收入水平的人，即使收入进一步增加，主观幸福感也不会提高。

除掉收入因素的影响，可求得金钱与主观幸福感之间的相关度为－0.53。这证实，人越重视金钱，主观幸福感就越低。

有性生活就幸福？

2004 年，布兰奇弗劳（D. G. Blanchflower）等人对 16000 名美国人的包括性生活在内的主观幸福感进行了调查分析[1]。从 1988 年到 2002 年间的横断面数据（cross-sectional data）来看，普通（70%）美国人的性生活与电视和电影中的形象不同，其实相当安稳，性生活次数为每月一两次，性伴侣也只有一人；7% 的人每周进行 4 次以上的性生活；18% 的人无性生活。

性生活的次数能明显提高主观幸福感。采用分层多元回归计算性生活对主观幸福感的影响力，结果为 10%。另外，虽然收入与主观幸福感有关，却与性交次数和性伴侣人数无关。所以，有钱人并不一定就拥有一大堆性伴侣。

年轻就幸福？

很多人坚信年轻是幸福的前提，随着年龄增长，幸福感也会降

---

[1] 美国的综合社会调查（General Social Surveys）数据是开放的，参见 http://www.norc.org/GSS+Website。——作者注

低。然而在排除了收入等变量的影响之后我们却发现，年龄的增加并不会导致幸福感降低。1998年，迪耶内和苏抽取了40个国家超过6万名受试者，测定了他们的人生幸福感、肯定性情感、否定性情感。结果表明，虽然年龄的增加会导致肯定性情感降低，但其他项目却不会降低。从20岁到80岁，人生的幸福感反而略有升高，否定性情感也与年龄无关。

不过，迪耶内和苏的研究属于横断法（cross-sectional method），所以混杂了年龄差距的影响。1987年，科斯塔等人花费10年时间进行了纵向研究，但并没有能够证实肯定性感情的年龄差，同时否定了年龄与主观幸福感之间的相关性。也就是说，随着年龄的增加，幸福感和否定性情感并不会降低，而肯定性情感降低是受到了年龄差的影响。在2004年布兰奇弗劳等人的研究中，年龄的回归系数也很小，仅有0.04。

幸福感男女有别？

根据1984年赫林等人的元分析，性别差异的效果量为0.04，属于误差范围内。大规模的国际性研究发现，女性会比男性体验到更多不愉快的感情，但幸福感却不存在性别差异。虽然女性会表露出强烈的肯定性或否定性情感，但二者之间存在良好的平衡性，所以不会影响幸福感。1991年，藤田（Fujita）等人提出，性别差

异的影响力只占幸福感的总方差（total variance）的 1%。一般而言，
幸福感的男女性别差异非常小，属于可以忽略的范围。

工作、教育、智力

从工作中获得满足感的人是否幸福呢？

1989 年，泰特（Tight）等人对 34 项研究进行了元分析，发现工作满足感与幸福感之间有一定的相关度（0.44）。工作往往与人际关系和成就感相关，所以与幸福感具有一定的相关性也不奇怪。1986 年，斯通（Stone）等人通过进行因果分析得出了幸福感强的人在工作中也容易获得满足这一结论。也就是说，两者之间的因果关系是，正因为已经觉得幸福，所以工作中也更容易获得满足，而并非相反。不过，全职、兼职、失业状态这些不同雇佣形式的变量也与幸福感具有小但显著的相关性。

受教育就幸福？

接受教育是否能让人获得幸福呢？

学历与幸福感之间具有小但显著的相关性。1984 年，威特（Witter）等人进行元分析的结果表明，教育的效果量为 0.13。不过因为学历与收入、职业地位有关，所以必须对这些变量进行整合。排除职业地位的影响后发现，效果量降低为 0.06，不再具备相关性了。而对收入进行排除后发现，学历与幸福感的相关程度消失。所以我们可以知道，教育与幸福感是无关的。

智商高就幸福？

智商与幸福感是否有关呢？智力越高就越容易在社会上取得成功，所以更容易获得幸福吧？

1995 年，瓦腾（R. G. Watten）等人采用客观智力测试，针对挪威的 269 名年轻人调查了智力与幸福感之间的关系，得出智力与幸福感的相关性为零。究其原因，或许是因为智力测验仅仅与数学能力、语言能力以及空间能力有关，并不包括"社会智力"吧？不过，不同的研究者对社会智力的定义各不相同，这也是问题之一。

幸福感会遗传吗?

主观幸福感的遗传影响力其实非常强。

1996 年，吕肯（David Lykken）和特立根（Auke Tellegen）在美国明尼苏达州进行了双胞胎实验，调查主观幸福感并同时实施了多维人格问卷（MPQ），总受试者达 2310 名。计算各因素对幸福感的影响力后发现，教育水平对幸福感的影响力在女性中为 1%，在男性中为 2%。收入水平的影响力不到 2%，婚姻状况的影响力男女均小于 1%。254 名双胞胎在 20 岁和 30 岁时分别接受检测，求得两次幸福感尺度的相关度为 0.50，具备中等相关性。

然而分别调查 75 对同卵双胞胎和 48 对异卵双胞胎发现，同卵双胞胎的相关度非常高（0.79），而异卵双胞胎则几乎不具备相关性（0.07）。也就是说，幸福感绝大部分是由遗传所决定的。类似的结果在另外的 217 对同卵双胞胎及 114 对异卵双胞胎中也获得了证实，幸福感的遗传影响力高达 48%。对今后 10 年间的长期幸福感的遗传影响力进行计算，则高达 80%。根据所采用的模型不同，这一百分比数字也会有所变化，但不能否认，遗传因素是相当重要的。

2009 年，巴特尔斯（Bartels）等人在研究中对超过 5000 名双胞胎的数据进行了协方差结构分析。同样采取了 4 项幸福感指标。对幸福感有影响的累加性基因（Cumulative Gene）的影响力为 36%~50%。

对于特定基因，具有（启动子区的）长型 5-HTT 的实验组很少发生焦虑，所以具有这种基因的人应该也具有较高的幸福感。2010 年，德内韦（J. De Neve）等人对 2500 多名受试者进行了模型套用，发现该基因与主观幸福感之间存在统计学上的显著相关性。也就是说，具有一个长型 5-HTT 的人与不具备的人相比，幸福感较高的人增加了 8.5%；具有两个的人则增加了 17.3%。因为增加率较大，所以我们可以认为这种基因具有显著的影响。不过，在涵盖了基因、人种（黑人、拉丁美洲人、亚洲人）、年龄、性别等因素的模型中，它的影响力（决定系数）只有 1%，由此推论，单独考查基因，则它的影响力会小整整一个数量级。

遗传学家经常会将具备某特定基因和不具备该基因的情况进行比较，然后宣称目标特征（比如患病率）增加了好几倍。这只是一种障眼法，与强调基因影响力的报道十分类似。采用德内韦等人的研究方法进行实际计算后会发现，特定基因的基因影响力几乎都属于可以忽略的误差范围。

性格特质与幸福感之间的关系

假定性格特质能够影响主观幸福感，那么既然性格特质很难改变，主观幸福感肯定也是很难改变的。1984 年迪耶内等人的研究表明，工作中的肯定性情感与休闲时的肯定性情感之间具备 0.70 的相关度，否定性情感为 0.74，这一结果与实验的预期相符，证明这两种情感不会随情境的变化而变化，具备一贯性。

肯定性情感与外向性之间的相关性，在 1991 年藤田的研究中为 0.71，在 1998 年卢卡斯（Lucas）等人的研究中为 0.74，都相当大。科斯塔和麦克莱（Maclay）提出，虽然该现象可以通过常规理论进行解释，但我们也可以用完全相反的因果关系来解释，即具备肯定性情感的人会变得外向。我们甚至可以认为，肯定性情感与外向性是密不可分的一体两面。另外，因为自尊与外向性之间具备高度相关性，所以我们可以推测，肯定性情感与自尊之间也具备高度的相关性。

1998 年，德内普（K. M. DeNeve）等人针对与 137 项性格特质有关的 148 项研究进行了元分析。受试者总数超过 4 万名。分析结果显示，性格特质与主观幸福感之间的加权相关度为 0.19，低于预期值。大五人格中的各维度与主观幸福感之间的相关性如表 9.1 所示。

表9.1　大五人格与"主观幸福感"的相关性

性格特质	相关程度
外向性	0.17
亲和性	0.17
尽责性	0.21
情绪稳定性	0.22
开放性	0.11

情绪稳定性、尽责性两个因子与主观幸福感之间的相关度最大，但也只有 0.2。开放性的相关度最低，仅 0.11。事实上，因为德内普等人的分析是对很多研究的相关系数求取权重后再进行平均化的，所以依然包括着测定误差的影响。如果不进行因果关系的分析，就无法弄清楚真正的相关性。

2008 年，威斯（A. Weis）等人从美国的 5 万户双胞胎家庭中抽取了 973 名双胞胎，其中包括 365 名同卵双胞胎和 608 名异卵双胞胎，然后测定他们的主观幸福感和大五人格中的性格特质。采用协方差结构分析构建模型，其结果如图 9.5 所示。

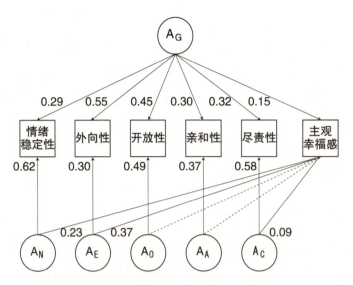

图9.5　主观幸福感与性格特质之间的影响关系

主观幸福感与大五人格中的情绪稳定性及外向性之间具有很强的相关性。图中A代表遗传要素（AG为共同遗传要素，其他为每种性格特质的遗传要素）

假设大五人格各种性格特质的背后存在共同遗传要素 A_G，而每种性格特质又存在独立的遗传要素。比如，情绪稳定性中，共同遗传要素所占的比重为 0.29，独立遗传要素所占比重为 0.62。其他各项性格特质也一样，都是由共同遗传要素和独自遗传要素两方面决定的。另外我们还可以计算出，在主观幸福感中，共同遗传要素占据了 0.15 的比重，情绪稳定性的遗传要素占据了 0.23 的比重，外向性的遗传要素占据了 0.37 的比重，尽责性的遗传要素占据了 0.09 的比重。

这个模型能够解释大家一直以来所认可的观点，即主观幸福感与情绪稳定性及外向性之间具有强烈的相关性。

日本老年人的幸福感

1999 年，日本的村上千惠子围绕老年人的幸福感进行了研究，调查对象为 422 名老年人（男性 272 名、女性 150 名）。她将主观幸福感作为从属变量，对男性和女性分别进行了分层多元回归，贡献率（contribution rate）为 48%。经过标准化的回归系数如下：男性的情绪稳定性为 0.45，亲和性为 0.47，生活充实感为 1.73，主观健康观为 0.75；女性的情绪稳定性为 0.39，开放性为 0.20，生活充实感为 0.90，是否有配偶为 0.86，主观健康观为 1.55。

男女双方的生活充实感和主观健康观对其幸福感的影响很大。不过，这些数据只代表受试者本人的主观判断，所以在很大程度上受到性格的影响，即在广义上属于性格变量的影响。

在男性中，情绪稳定、亲和性高的人的主观幸福感较高；而在女性中，情绪稳定、智商高、拥有配偶的人的主观幸福感较高。结果表明，情绪稳定性会对主观幸福感产生巨大的影响，这与迄今为止欧美学者的研究结果是一致的。

幸福的条件

婚姻状况和就业情况都是会对主观幸福感产生巨大影响的外界因素。伴侣的离开或失业等情况通常会导致幸福感下降，它们的影响力在 10%~20% 左右。出人意料的是，健康状况和收入等因素与主观幸福感几乎完全没有关系。

会对主观幸福感产生最大影响的因素，是隐藏在大五性格特质背后的遗传因素。它对幸福感的影响力恐怕超过了 50%。情绪稳定、外向性的人，往往具有更高的主观幸福感。

那么，我们到底该怎么做才能获得幸福呢？

从心理学家们的研究结果来看，虽然幸福感在很大程度上由遗传决定，但只要我们能寻找到人生伴侣，并且积极地面对工作和平时的休闲活动，幸福感肯定就能有一定的改善。

第10章 性格能预测什么？

公元968年，瓦尔特·米歇尔等人提出了性格情境理论。他们认为，性格特质对人的作用是有限的，预测力不会超过0.30。米歇尔的情境理论影响非常广，甚至从中诞生出性格并不存在的论调。

不过，性格情境理论并没有明确的依据，它仅仅是在批判许多性格测试都缺乏预测力而已。其实在心理学的其他领域以及医学领域内，预测力低于0.30的情况并不少见。事实上，大部分心理测验的预测力都高于米歇尔所声称的0.30。这个数字在医学领域内已经属于比较高的了。

各种心理测验的预测力

2001 年，梅尔（G. J. Meyer）等人对超过 125 种的心理测验的预测力进行元分析并作了归纳。这次分析将表征效度（validity）的指数全部换算成了相关系数。由于其中包括了医学数据，所以在这里对部分效度数据作一个引用。

0.02——阿斯匹林与心脏病发作导致死亡率的下降

0.03——化学疗法与乳腺癌的生存率

0.17——外向性与主观幸福感

0.18——尼古丁贴片与戒烟

0.26——基于自我报告的依赖心和依赖行为

0.37——基于明尼苏达多项人格问卷（MMPI）的抑郁症、精神病患者的检出

0.38——伟哥与男性功能的改善

0.44——韦氏智力测验与教育水平

0.55——年龄与情报处理速度

0.57——基于MRI（核磁共振成像诊断装置）的痴呆与正常人群的辨别

0.61——基于语言长期记忆力测试的痴呆患者和抑郁症患者的
辨别

0.74——基于明尼苏达多项人格问卷的效度量表的伪精神障碍
患者的检出

将相关系数取平方，我们就可以获得决定系数。决定系数表示
的是两项变量共同的得分方差的比例，所以可以用于解释两项变量
之间的影响力及有效性。

阿司匹林的影响力平方只有 0.04%，处在可忽视的范围之内；
尼古丁贴片的影响力也只有 3.2%，属于误差允许的范围；伟哥的
效果很出色，但影响力也只有 14%。

同时，智力测验和教育水平之间为 19.36%，而基于明尼苏达
多项人格问卷的伪精神障碍患者的检出高达 55%，最新型的 MRI
装置与痴呆的关系却只有 32.5%。所以我们可以看出，心理测验的
预测力并不比医学领域更低。

大五人格模型的预测力（一）——生活事件

最近的研究表明，性格特质的预测力其实高得超过了人们的预期。比如 2009 年，弗利森（William Fleeson）等人对通过经验取样（experience sampling）技术调查性格特质预测力的 15 项研究进行了元分析。受试者在一周到两周的时间内，多次对自己的行为以及在该行为之前 20~60 分钟之内做过些什么进行报告。研究人员将这些状况数字化，考察它们与大五性格特质之间的相关性，记录时间长达 8 年以上，表示性格特质的行为报告超过两万条。

各个状况与大五性格特质之间的相关度如下：外向性为 0.18，亲和性为 0.34，尽责性为 0.24，情绪稳定性为 0.31，开放性为 0.37。正如性格情境理论所主张的，它们的预测力并不高，但也已经超出了预期。计算各个状况的平均值与大五性格特质之间的相关度，得出外向性为 0.42，亲和性为 0.55，尽责性为 0.48，情绪稳定性为 0.53，开放性为 0.56，都相当高。进一步对三项可信度很高的研究进行总结发现，外向性为 0.55，亲和性为 0.59，尽责性为 0.53，情绪稳定性为 0.58。

采用笔者等人制作的主要五因素性格量表进行性格测试，并将受试者限定为正直且具备洞察力的大学生[1]，将所获得的性格测验与大五性格查验表之间的相关度取男女简单平均数为：外向性0.77，亲和性0.57，尽责性0.62，情绪稳定性0.56，开放性0.54。可见性格特质与自我意识之间的相关度非常高。

这样看来，情境理论假说已经被否定，大五性格特质是能够很好地预测出人的现实行为的。

寿　命

2007 年，罗伯茨（B. W. Roberts）等人除去横向研究及未排除收入因素的研究，重点对各种前瞻性纵向研究进行了与寿命、婚姻以及职业成就有关的大规模元分析。其中值得一提的是，他们将显著性检验等指标变换为效果量（相关系数），这样一来，就能用于比较影响力的大小了。

众多研究表明，人的社会经济地位越低，则寿命越短。但将这项因素换算为效果量，数值不足 0.02。也有研究表明，智力越低则寿命越短，但即使将智力因素换算为效果量，数值也只有 0.06。不过从数字看来，智力的影响比社会经济状况的影响还是高一点的。

---

[1] 通过测谎量表等方式检查回答情况，发现回答态度有问题的大学生占 11%。因此将这些有问题的学生排除，并计算出效度系数。——作者注

狄利等人根据对 1932 年出生的人进行的追踪调查绘制了生存曲线，揭示了智力与寿命之间存在明显的相关性。

罗伯茨等人总结发现，与性格和寿命有关的纵向研究共有 34 项。将早期的性格特质对应大五人格进行分类，然后计算效果量。尽责性与寿命之间的关系最紧密，效果量为 0.09。也就是说，尽责性高的人更长寿；而外向性的效果量为 0.07，说明性格越外向，寿命越长。

亲和性与寿命之间的关系不明确；情绪稳定性的效果量为 0.05，说明人的情绪越稳定，寿命就越长；目前与开放性有关的研究只有两项，所以难以确定效果量。

对罗伯茨等人的研究作一个总结，即尽责性、外向性、情绪稳定性高的人寿命长。这些效果量进行简单叠加后高达 0.21，远远超过了智力的效果量。这或许是因为拥有这些性格特质的人会认真地对待疾病，主动避免有害健康的行为吧？

离　婚

罗伯茨等人对前瞻性纵向研究进行了元分析。其中和社会经济地位、智力有关的研究共有 11 项。教育和收入能够抑制离婚率，效果量为 0.05；另一方面，与智力有关的研究只有两项，所以无法计算它对离婚的效果量。

　　对性格和离婚之间关系的研究有 13 项。这些研究发现，如果人的情绪不稳定，如焦虑感强烈、神经过敏，则离婚的倾向上升。另一方面，亲和性与尽责性可能会抑制离婚，计算效果量得到：情绪稳定性为 0.17，亲和性为 0.18，尽责性为 0.13。也就是说，情绪不稳定、不随和、不尽责的人离婚率高。效果量简单叠加后为 0.48。这个数值相当高，远非社会经济地位的效果量所能比较。

　　因此我们可以认为，情绪不稳定、不随和、不尽责的人，人际关系也比较恶劣，所以这种人往往难以维持婚姻关系。

大五人格模型的预测力（二）——工作

　　1983 年，詹克思（Jenks）等人对 1789 名受试者进行了长达 7 年的纵向研究。根据受试者父亲的社会经济地位、母亲的教育程度、双亲的年收入、智力等因素，对他们的职业成就、收入、教育程度等进行了预测。排除其他变量，计算出社会经济地位与教育的平均回归系数[①] 为 0.09；双亲收入的影响力略高，回归系数为 0.14；影响力最大的是智力，平均回归系数为 0.27。

　　关于性格对事业成就的影响，我们可以参考 1999 年赫尔森(Helson) 等人进行的时间跨度达 64 年的纵向研究。那次研究的受试者有 238 名，在排除了智力影响力的基础上计算回归系数，外向性为 0.27、亲和性为 –0.32、尽责性为 0.44、情绪稳定性为 0.21。也就是说，外向、不随和、尽责、情绪稳定的人，在职业上获得成功的概率非常高。即使将回归系数进行平均后，也高达 0.23，可以与婴儿期的智力以及年收入的影响力相匹敌了。

――――――――――

① 这里标出的不是效果量（相关系数），而是回归分析的回归系数。与效果量相比，数值稍小，但是意义基本相同。——作者注

　　1991 年，巴瑞克（M. R. Barrick）和蒙特（M. K. Mount）对与大五性格特质和工作绩效有关的 117 项研究进行了元分析，受试者总数将近 24000 名。职业分类包括专业职业（工程师、建筑家、律师、教师、医生等）、警察、企业家、销售员、准技术职业（公务员、护士、农民等）。大五性格特质的尽责性与所有职业分类之间均存在 0.20~0.23 的相关度，达到显著性差异，即使进行平均，也高达 0.22。其他性格特质则基本与职业无关。不过，外向性对企业家具备 0.18 的相关度，对销售员具备 0.15 的相关度；情绪稳定性只与准技术职业之间存在 0.12 的相关度。巴瑞克等人的这次元分析结果十分出名。

　　2001 年，巴瑞克等人又进行了补充元分析。他们将已有的 15 项元分析结果进行整合，将受试者人数纳入考虑范围，得出了效果量（相关系数）。效果量为考虑了可信度的严谨推测值。虽然每项指标的受试者人数都不同，但一般包含数千名，最高的超过了 8 万名。

　　这次得到的结果是，外向性与工作绩效之间的相关度为 0.15。按职业分类来看，外向性与企业家之间的相关度为 0.21（12000 名受试者），而与其他分类之间则只有不到 0.11；与专业职业之间为 -0.11。因此我们可以认为，对于企业家而言，外向性是有利的，但对于专业职业者而言，内向性才更有利。亲和性与工作业绩之间具备 0.11~0.13 的相关度，与团队合作之间的相关度高达 0.34；按照职业分类来看，内向性与各种职业的相关度则不超过 0.10。尽责性与工作业绩之间具备 0.24~0.27 的相关度，而各类职业与业绩的相关度在 0.23~0.25 之间，比较一致。情绪稳定性与工作业绩之间具备 0.13~0.15 的相关度，而与团队合作之间的相关度为 0.22。不过按照职业类别来看，情绪稳定性只与警察的工作能力具备 0.12 的相关度。开放性与工作绩效之间仅存在 0.07 的相关度，但与工作培训中的成绩具备 0.33 的相关度。按职业类别来看，开放性与专业职业之间具备 − 0.11 的相关度，所以我们可以认为，从事专业职业的人好奇心程度越强，工作成绩就会越差。

由这些分析可以看出，依据大五性格特质中的尽责性对职业成就进行预测的效果是最好的。

什么能预测工作绩效？

对过去的研究进行总结，我们发现，用来预测工作绩效的最佳选择是一般智力。1998 年，施密特（F. L. Schmidt）和亨特（J. E. Hunter）对 85 年里的研究进行了元分析，其中涵盖 515 种职业，受试者总数达 32000 名。选择的测验包括 19 种，然后计算出每种测验经过修正的预测效度（与工作绩效的相关系数）。这里选择其中的一部分进行简单说明。

智力测验与工作绩效之间的相关度为 0.51，在心理测验类中，这个相关度是最高的。它与专门性、管理性的工作之间的相关度为

0.58；与具有高度技术要求的工作之间的相关度高达 0.56；与复杂但仅具有中等技术程度要求的工作之间的相关度为 0.51；与对技术要求不高的工作之间的相关度为 0.40；与对技术完全没要求的工作之间的相关度为 0.23。也就是说，工作内容的难度越高，对智力的要求也越高。

有些测验要求受试者现场完成工作的一部分或全部，比如对焊接工、机械工作的熟练工、木工等工种的测试。测试内容与工作是一致的，所以这个测试自然而然地与工作业绩之间存在高达 0.54 的相关度。工作相关知识测验也是针对相同工种的测验，因此相关度高达 0.48。另外，实习期间的工作测验是在半年里针对实际工作进行观察的，其相关度高达 0.44。

行为的一贯性评价是通过过去的工作状况预测将来的工作状况。在面试中，研究者详细地询问受试者过去能完成什么样的工作，并将结果分数化，得到预测力为 0.45，也比较高。同事互评是让从事相同工作的同事相互进行评价，虽然实施中存在一定制约，不过仍高达 0.49。

在面试中，结构化面试的预测力高达 0.51。所谓结构化面试，是指尽量预先将面试者的发言内容完全设定好。而自由发言的自由面试预测力较低，为 0.38。

大五性格特质中的尽责性与工作业绩之间具备中等的相关度（0.31），略高于巴瑞克等人的研究结果。

由此可见，要预测未来的工作业绩，精确度最高的方法是实际执行工作的一部分，或对过去的工作状况进行评价。因为是用执行类似工作的结果来进行预测的，所以预测力必然很高。但在某些情况下，我们没有条件采用这种方法进行预测。

而智力测验是一种能够随时进行的方法。虽然它与现实工作之间的相似性较低，但仍然能很好地预测出专业职业的工作成绩。另外，大五性格特质中的尽责性与工作业绩之间只具备中等相关性，但因为很方便针对整个组织进行测定，而且只需要 30 分钟的时间，所以从投入的劳动力和费用角度来看，我们可以认为它的性价比是很高的。

职业兴趣

2003 年，巴瑞克等人对大五性格特质与霍兰德（John Holland）职业兴趣类型之间的关系进行了元分析。分析对象包括 21 项研究，受试者总数超过 11000 名。结果显示，外向性与社会型之间的相关度为 0.29，与企业型之间的相关度为 0.41，与我们通常的想法相符合。而亲和性、尽责性及情绪稳定性与职业型之间则不存在相关性。开放性与研究型之间存在 0.25 的相关度，与艺术型之间存在0.39 的相关度。

日本版的霍兰德职业兴趣量表也得出了同样的结论。虽然受试者人数不到 80 名，但根据主要五因子性格量表得出的外向性与社会型之间具备 0.35 的相关度，与企业型之间具备 0.44 的相关度；开放性与研究型之间存在 0.39 的相关度，与社会型之间存在 0.34 的相关度，与企业型之间存在 0.51 的相关度。所以我们可以认为，大五性格特质会对职业方面的兴趣产生相当大的影响。

职业成就

职业成就可以分为外在成就和内在成就。外在成就是指年收入、晋升情况等能通过客观标准进行评价的指标；而内在成功则是指通过职业获得的满足感等心理上的成就感。

1999 年，贾奇（T. A. Judge）等人针对大五性格特质和职业成就，对大规模的纵向研究数据进行了分析。他们针对伯克利（Berkeley）和奥克兰（Oakland）的三个群体共计 354 名受试者，进行了时间跨度长达 60 年以上的追踪研究。在儿童期、成人前期、成人中期、成人后期，一共进行四次数据收集，根据加利福尼亚 Q 分类心理测验项目计算大五性格特质。面试者对受试者在工作的各个方面，比如外在成就的年收入以及内在成就的年收入、安全、工作伙伴等所获得的满足感进行评价。

采用分层多元回归，根据儿童期的大五人格对受试者的内在成就进行预测后发现，只有儿童期的尽责性拥有 0.34 的回归系数，与内在成功的多重相关系数[①] 为 0.30。若综合考虑儿童期的智力测验得分，多重相关系数可以增加至 0.42。

同样的，研究者又根据儿童期的大五人格对外在成就进行预测，得到外向性的回归系数为 0.27，亲和性为 −0.32，尽责性为 0.44，情绪稳定性为 0.21，而开放性的回归系数非常小。在这种情况下，与外在成功之间的多重相关系数为 0.53，综合考虑儿童期的智力测验结果，则多重相关系数增加到非常高的 0.64。值得玩味的是，亲和性其实会对外在工作成就造成负面影响。

另外，成人期的大五性格特质与内在成就和外在成就之间分别存在 0.51 与 0.56 的多重相关系数。同时考虑儿童期和成人期的性格，就能得到进一步提高的多重相关系数。不过由于这个分析引入了具有相关性的变量，所以在这里不予讨论。

归根结底，贾奇等人的研究表明，儿童期的性格能在很大程度上预测未来职业方面的外在及内在成就。

---

① 多重相关系数指的是与预测变量的相关系数。——作者注

大五人格模型的预测力（三）——社会态度

自从阿多诺（Theodor Adorno）在 1950 年制定了"权威人格"测量表以来，社会态度与性格之间的关系就成了心理学家关注的重点之一。最近，对大五性格特质与政治态度之间的相关性的研究数量急剧增加。

2003 年，约斯特（J. T. Jost）等人针对与政治保守主义有关的 12 个国家中、受试者总数超过 22000 人的 88 项研究进行了元分析。大五人格的开放性与政治保守主义之间的相关度（效果量）为 −0.32。也就是说，人的开放性越低，保守主义倾向就越严重，这让大家自古以来的认知得到了再一次的证实。另外，开放性与对不确定性的忍耐力之间的相关度为 −0.27，与追求秩序之间的相关度为 0.26，与协从盗窃的恐惧之间的相关度为 0.18，与死亡恐惧之间的相关度为 0.50。虽然比起大五性格特质，约斯特等人更重视动机关系，但无论如何，这些与大五人格之间的关系都是相当密切的。

关于保守主义和进步主义，2008 年，卡尼（D. R. Carney）等人调查了 6 组样本、共计约两万名受试者的社

会态度与大五性格特质之间的关系。开放性与保守主义的整体效
果量（加权相关度）为－0.25，可见开放性高的人更倾向于进步主
义。而保守主义与尽责性之间的关系很小，效果量只有0.07，但
尽责性高的人具有略高的保守主义倾向。另外，亲和性、外向性
及情绪稳定性与社会态度没什么关系。

　　2010年，戈博（A. S. Gerber）等人调查了超过14000名受试
者的大五性格特质与社会态度之间的关系。结果如图10.1所示，
从0向上代表进步性态度，0向下代表保守性态度；柱体的大小
代表效果量。在这里，对戈博等人的假说和调查结果进行一个简
单的介绍。

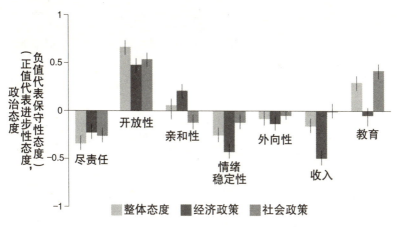

图10.1　社会政策与经济政策的态度变化的效果量

外向性与肯定性情绪、社交性有关，但与经济政策和社会政策的态度无关，与参政动机有关。调查结果证明了戈博等人的假说。但外向性较高的人经济政策比较保守。这或许是因为，外向性较高的人更容易受到报酬或外界刺激的影响吧。

亲和性与社会中心主义（sociocentric）及合作性有关，所以亲和性高的人虽然对经济政策的态度是进步的，但因为重视协调性，所以对社会政策的态度更倾向于保守。虽然效果量较小，但假说获得了证实。

尽责性与社会规范有关，所以尽责性高的人，对经济政策和社会政策两方面都表现出保守的态度。调查结果中，效果量为0.2~0.3，假说获得了证实。

情绪稳定性与焦虑、恐慌相关，情绪不稳定的人对经济政策显示出保守的态度，而对社会政策的态度则不明确。调查结果显示，经济政策的效果量超过了0.4，假说获得了证实。

开放性与针对不常见的复杂刺激作出的反应有关。所以，开放性高的人无论是对经济政策还是对政治政策都表现出进步性的态度。假说获得了反复证实，调查结果的效果量超过了0.5。

人的年收入与对经济对策的态度有关，效果量约为0.5，年收入较高的人对经济政策更倾向于持保守态度。

教育与针对社会政策的态度有关，效果量为0.3~0.4左右。受教育程度高的人表现得更为进步。

对上述假说作一个总结就是，保守主义者是勤劳、热心于工作的，年收入较高，但缺乏开放性，情绪不稳定，学历较低；另一方面，进步主义者的开放性较高，情绪稳定，学历也较高，不过他们往往并不勤劳，年收入较低。

也有理论认为人是保守还是进步，与神经心理学有关。阿莫地（David Amodio）等人认为，这种政治态度与前扣带回[①]（Anterior Cingulate Cortex，ACC）的活动性有关。该部分与情感纠葛有关。他们让43名受试者解决比较纠结的课题，保守的人该部分的活性较低，而激进的人这部分活性较高，与神经系统的活动之间的相关度高达0.59。这可能是因为，进步主义是建立在改变习惯性思维反应这一神经心理学基础之上的。

---

① 扣带回是位于大脑内侧的一个解剖结构，脑的边缘系统的一部分。其功能牵涉情感、学习和记忆。——译者注

政治家的性格

一般来说，无论是对性格进行自我评价还是他人评价，都能获得外向性、亲和性、尽责性、情绪稳定性以及开放性这五大人格。也就是说，无论是进行自我评价还是他人评价，其判断维度都是五维的。

然而当涉及政治家时，这一原则却不适用。卡普拉拉（G. V. Caprara）等人让意大利的 2000 多名受试者在自我评价的基础上，对著名运动选手、著名电视艺人、著名政治家进行了性格评价，政治家身上只能归纳出两种因子，而其他的名人则依然能归纳出大五人格中的五种因子。由此可见，也许政治家是一个例外，他们的性格非常简单，通过双维度就足以进行描述。

性格在人生中意味着什么?

　　大五性格特质在研究者中获得了共识，越来越多的研究围绕着这一概念展开。大五性格特质作为性格的维度在宏观上非常稳定，不易发生变化。它的背景具有遗传方面的因素，在我们生活的各个方面都发挥着重要的影响力。

　　大五性格特质还与寿命、离婚率、工作能力、职业成就以及社会态度等人生的重要组成部分之间具有相当紧密的关系。也许，我们有一天能根据自己的性格特质，改变自己的生活方式，寻找人生伴侣，选择工作，进而改变自己的人生。不过，有关这方面的因果分析尚在研究之中。

 后 记

接受半个世纪以来心理学的巨大变化

从编辑那儿接受本书的写作委托是在 2008 年 1 月左右。当时,《IQ 到底是什么? 有关智力的神话与真实》(2007 年)一书已经出版,我正处于最安逸的状态。编辑希望能围绕广义的"性格",对当今热门的话题进行讨论。这就相当于写一本曾经的畅销书——宫城音弥的《性格》(1960 年)的现代版。

这真是相当令我为难的要求啊! 这可不是轻而易举就能写出来的。当时,我还接受了另一本书《心理学教会了你什么》(2009 年)的约稿,那本书相对而言比较容易,所以我就先写了那本书,但是概述性书籍并不好写。我写了将近一年,累得一塌糊涂。当我振奋精神着手写这本书时,已经到了 2009 年的初夏,本书的写作如预期一般艰难。最终,我花了两年左右的时间才写完它。

在此期间,我重读了宫城音弥的《性格》一书。学

生时代我就读过这本书，但已经忘得差不多了。这本书的内容并不是以畅销为目的，而是进行了认真的、学术性的讨论。不过很遗憾，在重读过程中，我也几乎没有什么收获。因为所有的章节都已落后于时代，很多当时被认为是正确的学说和知识，如今都已经遭到了否定。

在性格的类型理论中，克雷奇默的分裂质、躁狂抑郁质、癫痫质十分有名，但在数据质量方面存在问题，如今已经被彻底否定了。这不仅仅是笔者的一家之谈，美国著名的心理学大事记中也已经删除了有关克雷奇默的记载。宫城音弥的类推是建立在这个错误的类型理论基础之上的，所以同样是错误的。

有关精神分析的理论，如今同样处于解体状态。只有完全外行的人才会相信古典精神分析理论。大部分现代心理学家都承认，精神分析不具备作为一门科学的资格。

教科书中经常会将类型理论、特质理论和精神分析理论并列进行介绍，但这种做法恰恰导致了大部分人的误解。现代几乎所有心理学家都是站在特质理论这一立场之上的，这一立场发展到极致，就形成了大五性格特质学说。

关于性格的形成，宫城音弥的立场是重视环境的因素。他基于被狼养大的野孩子这个事例以及弗罗姆和阿德勒等人的精神分析，认为育儿方式在培养孩子的性格形成方面起到了重要的作用。然而，我们如今已经证明野孩子的故事只是艺术创作，阿德勒的理论也已经遭到了否定。由于行为遗传学的发展，我们已经可以从数量上对遗传的影响力进行把握，并发现育儿方式的影响力百分比仅占个位数，即现代心理学已经完全从重视环境的立场转换到了重视遗传的立场。

对文化与性格，宫城音弥的论点同样是以精神分析为基础的唯心理论，没有可信的数据为基础，所以并不可信。这些数据的处理方法非常困难，所以本书只针对自尊、幸福感等个别话题作了详细介绍。

宫城音弥的介绍是以投射测验为中心的，但这种测试如今已被人们认为是缺乏有效性的、不可信的。关于心理测试的介绍，由于篇幅关系只能忍痛割爱，不过感兴趣的读者可以参考《"心理测试"都是骗人的》（2008年）和《修订 临床心理衡鉴手册》（2008年）这两本书。

　　对半个世纪之前的书籍进行批判是一件非常残酷的事。然而这半个世纪以来，心理学获得了显著的进步，过去的书籍几乎完全丧失了可读性。时间的流逝太过残酷，这也恰恰衬托出这半个世纪以来，心理学所获得的进步程度有多么显著。

　　本书对现阶段心理学最前沿的成果进行了总结。通过阅读本书，各位读者就可以了解到与"性格"有关的从过去到未来的各种观点。说起来的确可以算是宫城音弥的《性格》一书的现代版。希望读者也能借这个机会，对已经落伍的知识和观点进行一次全面的修正。

参考文献

Aiken, L. R. (1996) *Personality Assessment—Methods and Practices.* (Second edition) Seattle: Hogrefe & Huber Publishers

Amodio, D. M., Jost, J. T., Master, S. L. & Yee, C. M. (2007) Neurocognitive correlates of liveralism and conservatism. *Nature Neurosicence*, 10: 1246–1247.

Barrick, M. R., Mount, M. K. (1991) The big five personality dimensions and job performance: A meta-analysis. *Personnel Psychology*, 44: 1–26.

Barrick, M. R., Mount, M. K., Gupta, R. (2003) Meta-analysis of the relationship between the five-factor model of personality and Holland's occupational types. *Personnel Psychology*, 56: 45–74.

Barrick, M. R., Mount, M. K. & Judge, T. A. (2001) Personality and performance at the beginning of the new millennium: What do we know and where do we go next? *Personality and Performance*, 9: 9–30.

Baummeister, R. F., Campbell, J. D., Krueger, J. I. & Vohes, K. D. (2003) Does high self-esteem cause better performance, interpersonal success, happiness, or healthier lifestyles? *Psychological Science in the Public Interest*, 4: 1–44.

Blanchflower, D. G. & Oswald, A. J. (2004) Money, sex and happiness: An empirical study. *Scandinavian Journal of Economics*, 10: 393–415.

Bornstein, R. E. (2003) Psychodynamic models of Personality. In Theodore Millon & Melvin J. Lerner (Eds.) *Handbook of Psychology.—Personality and Social Psychology*. Hoboken: John Wiley & Sons, Inc., pp. 117–134.

Bouchard, T. J. Jr. (2004) Genetic influence on human psychological traits. *Current Directions in Psychological Science*, 13: 148–151.

Bouchard, T. J. & Loehlin, J. C. (2001) Genes, evolution, and personality. *Behavior Genetics*, 31: 243–273.

Buhrmester, D., Furman, W., Wittenberg, M. T. & Reis, H. T. (1988) Five domains of interpersonal competence in peer relationships. Journal of *Personality and Social Psychology*, 55: 991–1008.

Canli, T. (2008) Toward a "Molecular Psychology". In Oliver P. John et al. (Eds.) Handbook of Personality—Theory and Research. (Third edition) New York: The Guilford Press, pp. 311–327.

Caprara, G. V., Barbaranelli, C. & Zimbarodo, P. G. (1997) Politician's uniquely simple personalities. *Nature*, 385–493.

Carney, D. R., Jost, J. T., Gosling, S. D. & Potter, J. (2008) The secret lives of liberals and conservatives: Personality profiles, interaction style, and the things they leave behind. *Political Psychology*, 29, 807–840.

Child, I. L. (1950) The relation of somatotype to self-ratings on Sheldon's temperamental traits. *Journal of Personality*, 18.

Coan, R.W. (2001) Personality type. In Craighead, W. E. & Nemeroff, C. B. (Eds.) *The Corsini Encyclopedia of Psychology and Behavioral Science*. (Third edition) New York: John Wiley & Sons.

Cortés, J. B. & Gatti, F. M. (1965) Physique and self-description of temperament. *Journal of Counsulting Psychology*, 29.

De Neve, J., Fowler, J. H. & Frey B. S. (2010) Genes, economics, and happiness. *CESinfo Working Paper*, No. 2946.

Diener, E. & Diswas-Diener, R. (2002) Will money increase subjective well-being? *Social Indicators Research*.

Diener, E., Suh, E. M., Lucas, R. E. & Smith, H. L. (1999) Subjective well-being: Three decades of progress. *Psychological Bulletin*, 125: 276–302.

Donnellan, M. B., Trzesniewski, K. H., Robins, R. W., Moffitt, T. E. & Caspi, A. (2005) Low self-esteem is related to aggression, antisocial behavior, and delinquency. *Psychological Science*, 16: 328–335.

Fleeson, W. & Gallagher, P. (2009) The implications of big five standing for the distribution of trait and a meta-analysis. *Journal of Personality and Psychology*, 97: 1097–1114.

Fonagy, P. (2003) Psychoanalysis today. *World Psychiatry*, 2 (2): 73–80.

French, S. A., Leffert, N., Story, M., Neumark-Sztainer, D., Hannan, P. &

Benson, P. L. (2001) Adolescent binge/purge and weight loss behaviors: Associations with developmental assets. *Journal of Adolescent Health*, 28: 211–221.

Frey, B. S. & Stutzer, A. (2005) Happiness research: State and prospects. *Review of Social Economy*, 62: 207–228.

Gallagher, S. (2000) Philosophical conceptions of the self: Implications for cognitive science. *TRENDS in Cognitive Sciences*, 4: 14–21.

Gerber, A. S., Huber, G. A., Doherty, D., Dowling, C. M. & Ha, S. E. (2010) Personality and Political Attitudes: Relationships across issue domains and political contexts. *American Political Science Review*, 104: 111–133.

Ha, C., Peterson, N. & Sharp, C. (2008) Narcissism, self-esteem, and conduct problems. Evidence from a British community sample of 7–11 years olds. *European Child Adolescent Psychiatry*, 17: 406–413.

Helliwell, J. F. & Putnum, R. D. (2004) The social context of well-being. *Philosophical Transactions of the Royal Society B: Biological Sciences*, 359: 1435–1446.

Hibino, H., Tochigi, M., Otowa, T., Kato, N. & Sasaki, T. (2006) No association of DRD2, DRD3, and tyrosine hydroxylase gene polymorphisms with personality traits in the Japanese polulation. *Behavioral and Brain Functions*, 2: 32.

James, W. (1890) *The Principles of Psychology*. New York: Dover

Publishing Inc.

John, O. P., Naumann, L. P. & Soto, C. J. (2008) Paradigm shift to the integrative big five tait taxonomy. In Oliver. P. John, Richard W. Robins & Lawrence A. Pervin (Eds.) *Handbook of Personality—Theory and Research*. (Third edition) New York: The Guilford Press.

Jost, J. T., Glaser, J., Kruglanski, A. W. & Sulloway, F. J. (2003) Political conservatism as motivated social cognition. *Psychological Bulletin*, 129: 339–375.

Judge, T. A., Higgins, C. A., Thoresen, C. J. & Barrick, M. R. (1999) The big five personality traits, general mental ability, and career success across the life span. *Personnel Psychology*, 52: 621–652.

Karreman, A., Van Tuijl, C., Van Aken, M. A. G. & Deković, M. (2008) The relation between parental personality and observed parenting: The moderating role of preschoolers' effortful control. *Personality and Individual Differences*, 723–734.

Keltikangas-Javinen, L., Kivimaki, M. & Keskivaara, P. (2003) Parental practices, self-esteem and adult temperament: 17-year follow-up study of four population-based age cohots. *Personality and Individual Differences*, 34: 431-447.

Kruger & Johnson (2008) Behavioral genetics and personality. In Oliver P. John et al. (Eds.) *Handbook of Personality—Theory and Research*. (Third edition) New York: The Guilford Press, pp. 287–310.

Loehlin, J. C. (1992) *Genes and Environment in Personality Development*. Newbury Park: SAGE Pulications.

Loehlin, J. C. (2001) Behavioral genetics and parenting theory. *American Psychology*, 56: 168–174.

Loehlin, J. C., Horn, J. M. & Erst, J. L. (2007) Genetic and environmental influences on adult live outcomes: Evidence from the Texas adoption project. *Behavior Genetics*, 37: 463–476.

Loehlin, J. C., McCrae & Costa, P. T. (1998) Heritabilities of common and measure-specific components of the big five personality factors. *Journal of Research in Personality*, 32: 431–453.

Lusher, J. M., Chandler, C. & Ball, D. (2001) *Molecular Psychiatry*.

Lykken, D. & Tellegen, A. (1996) Happiness is a stochastic phenomenon. *Psychological Science*, 7: 186–189.

Maher, B. M. & Maher, W. B. (1994) Personality and psychopathology: A historical perspective. *Journal of Abnormal Psychology*, 103: 72–77.

McGee, R. & Williams, S. (2000) Does low self-esteem predict health compromising behaviors among adolescents? *Journal of Adolescence*, 23: 569–582.

Mclean, K. C., Breen, A. V. & Fournier, M. A. (2009) Constructing the self in early, middle, and late adolescent boys: Narrative identity, individuation, and well-being. *Journal of Research on Adolescence*, 20: 166–187.

Meyer, G. J., Finn, S. E., Eyde, L. D., Kay,G. G., Moreland, K. L., Dies, R. R., Eisman, E. J., Kubiszyn, T. W., & Reed,G. M. （2001）Psychological testing and psychological assessment. A review of evidence and issures. *American Psychologist*, 56: 128–165.

Montemayor, R. （1978）Men and their bodies: The relationship between body type and behavior. *Journal of Social Issues*, 34. Avaible from: http:// www.innerexplorations.com/psytext/sheldark.htm.

Munafo, M. R., Yalcin, B., Willis-Owen, S. A. & Flint, J. （2008） Association of the dopamine D4 receptor (DRD4) gene and approach-related personality traits: Meta-analysis and new data. *Biological Psychiatry*, 63: 197–206.

Neisser, U. （1988）Five kind of self-knowledge. *Philosophical Psychology*, 1: 35--59.

Paulussen-Hoogeboom, M. C., Stams, G. J. J. M., Hermanns, J. M. A. & Peetsma, T. T. D. （2007）Child negative emotionality and parenting from infancy to preschool: A meta-analytic review. *Developmental Psychology*, 43: 438–453.

Personality. *Encyclopaedia Britannica*. Retrieved November 5, 2009, from Encyclopaedia Britannica 2006 Ultimate Reference Suite DVD.

Pilla, G., Chen, W. M., Scuteri, A., Orru, M., Albai, G. et al. （2006）Heritability of cardiovascular and personality traits in 6,148 Sardinians. *PLoS Genetics*, 2, 8, e132. DOI: 10.1371/ journal. pgen. 0020132.

Plomin, R. （1999）Genetics and general cognitive ability. *Nature*, 402: C25–C28.

Plomin, R. & Spinath, F. M. （2002）Genetics and general cognitive ability (g). *TRENDS in Cognitive Sciences*, 6: 169–176.

Pottebaum, S. M., Keith, T. Z. & Ehly, S. W. （1986）Is there a causal relation between self-concept and academic achievement? *Journal of Educational Research*, 140–144.

Roberts, B. W., Kuncel, N. R., Shiner, R., Caspi, A. & Goldberg, L. R. （2007）The power of personality. The comparative validity of personality traits, socioeconomic status, and cognitive ability for predicting important life outcomes. *Perspectives on Psychological Science*, 2: 313–345.

Robins, R. W., Tracy, J. L. & Trzesniewski, K. （2001）Personality correlates of self-esteem. *Journal of Research in Personality*, doi:10.1006/ jrpe. 2001. 2324.

Rosenberg, M., Schooler, C. & Schoenbach, C. （1989）Self-esteem and adolescent problems: Modeling reciprocal effects. *American Sociological Review*, 54: 1004–1018.

Sato, A. （2009）Both motor prediction and conceptual congruency between preview and action-effect contribute to explicit judgment of agency. *Cognition*, 110: 74–83.

Sato, A. & Yasuda, A. (2005) Illusion of sense of self-agency: Discrepancy between the predicted and actual sensory consequences of actions modulates the sense of self-agency, but not the sense of self-ownership. *Cognition*, 94: 241–255.

Schimidt, F. L. and Hunter, J. E. (1998) The validity and utility of selection methods in personnel psychology: Practical and theoretical implications of 85 years of research findings. *Psychological Bulletin*, 124: 262–274.

Schinka, J. A., Letsch, E. A. & Crawford, F. C. (2002) DRD4 and novelity seeking: Results of meta-analysis. *American Journal of Medical* Genetics, 114: 643–648.

Shaw, H. E., Stice, E. & Springer, D. W. (2004) Perfectionism, body dissatisfaction, and self-esteem in predicting bulimic symptomatology: Lack of replication. *International Journal of Eating Disorders*, 36: 41–47.

Süsske, R. *What Does Heinz Kohut Mean by the "self" ?* Available from: http://www. selfpsychology.com/papers/susske_self_english04.htm.

Vertinsky, P. (2007) Physique as destiny: William H. Sheldon, Barbara Honeyman Heath and the struggle for hegemony in the science of somatotyping. *Canadion Bulletin of Medical History*, 24: 291–316.

Vohs, K. D., Voelz, Z. R. Pettit, J. W., Bardone, A. M., Katz, J. Abramson, L. Y., Heatherton, T. F. & Joiner Jr., T. E.（2001）Perfectionism, body dissatisfaction, and self-esteem: An interactive model of bulimic symptom development. *Journal of Social and Clinical Psychology*, 20: 476–497.

Watten, R. G., Sybersen, J. L. & Myhrer, T.（1995）Quality of life, intelligence and mood. *Social Indicators Research*, 36: 287–299.

Wegner, D. M.（2004）Precis of the illusion of conscious will. *Behavioral and Brain Sciences*, 27: 649–692.

Weiner, I. W. & Craighead, W. E. (Eds.)（2010）*The Corsini Encyclopedia of Psychology and Behavioral Science.*（Third edition）New York: John Wiley & Sons.

Weis, A., Bates, T. C. & Luciano, M.（2008）Happiness is a personal(ity) thing. The genetics of personality and well-being in a representative sample. *Psychological Science*, 19: 205–210.

Westen, D.（1998）The scientific legacy of Sigmund Freud: Toward a psychodynamically informed psychological science. *Psychological Bulletin*, 1245: 333–371.

Westen, D., Gabbard, G. O. & Ortigo, K. M.（2008）Psychoanalytic approaches to personality. In Oliver P. John, Richard W. Robins & Lawrence A. Pervin (Eds.) *Handbook of Personality—Theory and Research*. New York: Guilford Press, pp. 61–113.

大村政男（1998）『新訂　血液型と性格』、福村出版.

大西赤人（1986）『「血液型」の迷路』、朝日新聞社.

村上宣寛（1993）『最新コンピュータ診断性格テスト―こころは測れるのか―』、日刊工業新聞社.

村上宣寛（2005）「性格表現用語の社会的望ましさと自己評定値の関係」、『日本心理学会大会発表論文集』.

村上宣寛（2007）『IQ ってホントは何なんだ? 知能をめぐる神話と真実』、日経 BP 社.

村上宣寛・村上千惠子（2008）《主要 5 因子性格量表手册》修订版、学芸図書.

村上宣寛（2009）『心理学で何が分かるか』、ちくま新書.

村上千惠子「高齢者の幸福感に健康・家族・生活・性格が果たす役割」、『日本の地域福祉』、12: 81―94.

青柳肇「学会名変更の経緯」『ニュースレター』、2003 年 10 月 30 日.

古川竹二（1927）「血液型による気質の研究」、『心理学研究』.

芝祐順・南風原朝和（1990）『行動科学における統計解析法』、東京大学出版会.

藤永保・斎賀久敬・春日喬・内田伸子（1979）「初期環境の貧困による発達遅滞の事例」『教育心理年報』、106―189.

菅原ますみ・北村俊則・戸田まり・島悟・佐藤達哉・向井隆代（1999）「子どもの問題行動の発達 : Externalizing な問題傾向

に関する生後十一年間の縦断研究から」、『発達心理学研究』、10: 32—45.

星野命「本学会の「性格」を問う」『ニュースレター』、2002 年 3 月 25 日.

山本光男訳編（1958）『初期ギリシャ哲学者断片集』、岩波書店.

岡本栄一（1970）「第三章　人格の類型論・因子論的展開」、佐治守夫（編）『講座　心理学　十〇　人格』、東京大学出版会.

豊田秀樹（1998）『共分散構造分析「入門編」——構造方程式モデリング—』、朝倉書店.

倉上洋行・若松秀俊（2003）「保護者の養育態度と中小学生の精神的不調との関連研究」『Health Sciences』、19:1—7.

倉石精一・苧阪良二・梅本堯夫編著（1972）『教育心理学』、新曜社.

種村季弘監修（1986）『図説・占星術事典』、同学社.

能見正比古（1984）『血液型エッセンス』、角川書店.

能見俊賢（2001）『血液型　怖いくらい性格が分かる本』、三笠書房.

鈴木光太郎（2008）『オオカミ少女はいなかった——心理学の神話をめぐる冒険』、新曜社.

佐藤徳（2010）「身体化された自己から言語制作される自己へ」（中村靖子・大平英樹・畝部俊也・佐藤徳・吉武純夫・兼本浩祐・柴田正良・余語真夫／シュラルプ、H. M., 飯高哲也・葉柳和則・今福龍太共著『交響するコスモス』）、松籟社、37—66.

溝口元（1994）「昭和初頭の「血液型気質相関説」論争——古川学説の凋落過程」（詫摩武俊・佐藤達哉編「血液型と性格：その史的展開と現在の問題点」『現代のエスプリ』）、至文堂.

詫摩武俊「発刊にあたって」、『性格心理学研究』、1（1）.

詫摩武俊・瀧本孝雄・鈴木乙史・松井豊（2003）『性格心理学への招待　改訂版』、サイエンス社.

祖父江典人（2004）「総説：イギリス対象関係論：その歴史的展望と臨床的意義」、『愛知県立大学文学部論集（社会福祉学科編）』、53: 41–87.

オッペンハイマー，S.（2007）『人類の足跡10万年全史』、草思社.

オールポート、G. W.，今田恵監訳（1968）『人格心理学』、誠信書房.

ローラッヘル、H.，宮本忠雄訳（1966）『性格学入門』、みすず書房.

リーバート、R. M.，パウロス、R.W.，マーマー、G.S.，村田考次訳（1978）『発達心理学』、新曜社.

ロジャー・シャタック，生月雅子訳（1982）『アヴェロンの野生児—禁じられた実験—』、家政教育社.

クムトビア、P.，幡井勉・坂本守正訳（1990）『古代インド医学』、出版科学総合研究所.

ダグラス・スター，山下篤子訳（1977）『血液の物語』、河出書房新社.

バデノック、D., ヘネガン、C., 斎尾武郎監訳 (2002)『 EBM の道具箱 』、中山書店 .

クレッチマー、E., 西丸四方・高橋義夫訳『 医学的心理学 』、すず書房 .

メイイ、R., 稲葉信龍訳 (1971)「 第三章　人格の構造 」、『 現代心理学 V、感情と性格 』、白水社 .

ハリス、J. R., 石田理恵訳 (2000)『 子育ての大誤解—子どもの性格を決定するものは何か 』、早川書房 .

バス、A. H., 大渕憲一監訳 (1991)『 対人行動とパーソナリティ 』、北大路書房 .

グループ、HCR (2006)『 SDS キャリア自己診断テスト　手引き 』、日本文化科学社 .

ジルボーグ、G. , 神谷美恵子訳 (1958)『 医学的心理学史 』、みすず書房 .

ジョン・リゲット, 山本明・池村六郎訳 (1977)『 人相——顔の人間学 』、平凡社 .

アリストテレス, 副島民雄訳 (1969)「 人相学 」(副島民雄・福島守夫訳『 アリストテレス全集一〇　小品集 』) 岩波書店 .

　アイゼンク、H. J., ナイアス、D. K. B., 岩脇三良、浅川潔司共訳 (1986)『 占星術——科学か迷信か? 』、誠信書房 .

アイゼンク、H. J.（1973）『人格の構造—その生物学的基礎—』、岩崎学術出版社.

アイゼンク、H. J. 著，宮内勝、他訳（1988）『精神分析に別れを告げよう——フロイト帝国の衰退と没落』、批評社.

レイン、H.（1996）「アヴェロンの野生児の認知・言語発達」『教育心理学年報』、26: 45—48、http://www.indiana.edu/~intell/itard.shtml.

レネバーグ、E. H. , 佐藤方哉・神尾昭雄訳（1974）『言語の生物学的基礎』、大修館書店.